(a) 外观   (b) 建筑内部

彩图4-2-28　音乐博物馆

彩图4-3-1　北京三里屯UINQLO

彩图4-4-1　巴黎布朗利博物馆

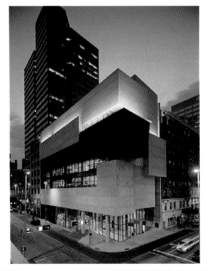

彩图4-4-13　美国辛辛那提当代艺术中心

彩图5-3-33　某教堂

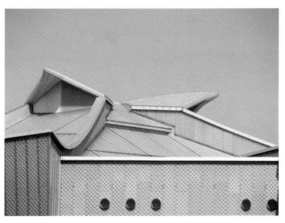

彩图5-3-34　柏林爱乐音乐厅屋顶局部

彩图5-5-3　蓬皮杜国家艺术与文化中心

彩图5-5-13　紫禁城鸟瞰图

彩图6-1-12　忠义街牌坊与南门会单层斜屋面

彩图6-1-13　南门会展厅入口

彩图6-1-14　南门会展厅造型

彩图6-1-15　南门会展厅外墙大小不一的窗口

彩图6-1-16　南门会内院

彩图6-2-4　茶室虚实变化的立方体

彩图6-2-5　竹墙使内外空间有机贯通

彩图6-2-6 茶室门的处理效果

彩图6-2-10 三间院外观

彩图6-2-11　三间院入口

彩图6-2-12　三间院砖墙表皮

彩图6-2-18　秀酒吧局部透视

彩图6-2-19　秀酒吧内院

彩图6-3-2　Maxx酒店远景

彩图6-3-8　Maxx酒店别墅区透视图

彩图6-3-9　Maxx酒店山坡套房局部透视图

彩图6-3-11　Maxx酒店餐饮区局部透视图

普通高等教育"十三五"规划教材　 风景园林建筑系列

风景园林
建筑造型设计

田大方　杨 雪　刘 洁 ◉ 等编

化学工业出版社
·北京·

《风景园林建筑造型设计》是风景园林建筑系列教材之一。本书是在《风景园林建筑设计与表达》一书中对风景园林建筑造型设计简要介绍的基础之上，系统地对风景园林建筑造型设计方法进行详细讲解，并配有相应的建筑实例分析，使学生在了解风景园林建筑设计的基础上，能够进一步掌握风景园林建筑造型设计的方法。全书共分6个章节，分别为绪论、风景园林建筑造型设计分析、风景园林建筑体量与组合、风景园林建筑立面设计、风景园林建筑细部设计及风景园林建筑设计作品分析。全书理论结合实践，每章后附有相关思考题，供学生考研复习参考。

　　《风景园林建筑造型设计》适合风景园林、园林、建筑学、城乡规划学、环境艺术设计及相关设计类专业学生使用，也可作为对风景园林建筑设计感兴趣人员的自学教材以及相关设计人员的参考用书。

图书在版编目（CIP）数据

风景园林建筑造型设计/田大方，杨雪，刘洁等编. —北京：
化学工业出版社，2015.7

普通高等教育"十三五"规划教材·风景园林建筑系列
ISBN 978-7-122-24122-1

Ⅰ．①风⋯　Ⅱ．①田⋯②杨⋯③刘⋯　Ⅲ．①园林建筑–
园林设计–高等学校–教材　Ⅳ．①TU986.4

中国版本图书馆CIP数据核字（2015）第112645号

责任编辑：尤彩霞　　　　　　　　　　　　装帧设计：韩　飞
责任校对：吴　静

出版发行：化学工业出版社（北京市东城区青年湖南街13号　邮政编码100011）
印　　刷：北京永鑫印刷有限责任公司
装　　订：三河市宇新装订厂
787mm×1092mm　1/16　印张10¼　彩插4　字数265千字　2015年8月北京第1版第1次印刷

购书咨询：010-64518888（传真：010-64519686）　　售后服务：010-64518899
网　　址：http://www.cip.com.cn
凡购买本书，如有缺损质量问题，本社销售中心负责调换。

定　　价：36.00元　　　　　　　　　　　　　　　版权所有　违者必究

序

　　中国风景园林学会（Chinese Society of Landscape Architecture）2009年年会在《中国风景园林学会北京宣言》中提出，风景园林是已经持续数千年的人类实践活动，是大众物质和精神生活的基本需要，是人类文明不可或缺的组成部分。风景园林工作者的核心价值观是：人与自然、精神与物质、科学与艺术的高度和谐，即现代语境中的"天人合一"。风景园林专业作为人居环境科学的三大支柱之一，其地位日益重要；与此同时，风景园林建筑设计及其相关理论在风景园林学科中的地位与作用也愈发凸显。

　　风景园林建筑从属于建筑学范畴，作为风景园林及景观专业一门重要的主干课，是自然科学与人文社会科学高度综合的实践应用型课程。从其形成与发展、设计方法与过程、施工技术和艺术特点等方面比较，风景园林建筑同普通的工业与民用建筑既有共性的特征，又有个性的区别。目前，在国内大多数高等院校风景园林及景观类专业的风景园林建筑教学中，普遍存在课程体系不完整、专业特色不突出、课程设置与实践结合不够紧密、教学内容不能完全适应学科发展等问题。针对以上不足之处，本套风景园林建筑系列图书在强调教学的针对性和时效性的同时，侧重与工程实例相结合，具有以下三个特点：继承性与创新性、全面性与系统性、实用性与适用性。丛书由风景园林建筑理论、风景园林建筑技术、风景园林建筑设计三大部分构成。各单册包括《风景园林建筑设计基础》、《风景园林建筑设计与表达》、《风景园林建筑快速设计》、《风景园林建筑结构与构造》、《风景园林建筑管理与法规》、《风景园林建筑造型设计》等。

　　本套教学及教学参考丛书由东北林业大学园林学院组织学院建筑教研室的教师编写，参编人员研究方向涉及建筑学、城市规划、风景园林、环境艺术、土木工程和园林植物与观赏园艺等学科领域，构成了复合型的学缘结构体系，在教学与科研方面具有较丰富的经验。同时，主要参编人员均为国家一级注册建筑师，曾长期从事建筑设计与城市规划设计实践工作，拥有完备的工程设计经验与理论结合实践的能力，并在教学岗位工作多年，因此本系列图书对教学与工程实践均具有较强的指导作用，适用于风景园林、园林、景观、环境艺术、园艺等专业的高等教育、专业培训及相关工程技术人员参考使用，适应性广、实用性强。

　　风景园林建筑教学及教学参考丛书的各单册将陆续与广大读者见面。希望本套丛书的出版，能够促进风景园林建筑教学的进一步发展，为培养更多的优秀风景园林人才起到积极的作用。

　　　　　　　　　　　　　　　　国务院学位委员会　　全国风景园林硕士学位教学指导委员会委员
　　　　　　　　　　　　　　　　教育部　　　　　　　　中国风景园林学会理事

前 言

建筑造型是建筑给人最直观的印象，以不同的体量组合、色彩、质感等体现着建筑的个性与风格。风景园林建筑是指在空间环境中具有造景功能，同时又能供人游览、观赏、休息的各类建筑物，那么风景园林建筑必然是赏心悦目的。因此在某种意义上说，风景园林建筑造型设计是风景园林建筑创作的基本问题。国内目前缺少针对风景园林建筑在该方向的论著和参考资料，缺乏相应的参考书籍，究其原因，与建筑学专业相比，风景园林专业在该研究领域内起步较晚，体系尚不完善。

《风景园林建筑造型设计》教材应用系统分析方法，以风景园林建筑造型的概念、特征、类别为出发点，对风景园林建筑造型进行全面分析，并对风景园林建筑的体量组合、外立面设计、细部设计等加以详细阐述，全面系统地说明如何塑造风景园林建筑造型及其在建筑设计中所起的作用。本教材阐述的造型设计方法是编者根据教学中的专业需要和实际工作中对设计者的要求，在相对成熟的风景园林建筑设计方法调查、研究的基础上，并结合多年的工程实践和风景园林建筑设计教学实践经验，总结提炼出的具有教育教学意义和风景园林建筑设计生产实践意义的教材。其中教材第4章有两万字的内容为东北林业大学图书馆郭晨晨参与编写与整理。

《风景园林建筑造型设计》教材以理论为指导，以实用为宗旨，收集了大量的建筑造型设计实例，图文并茂，直观易懂。本教材适合普通高校的园林、风景园林、城市规划、环境艺术设计等专业的本科学生使用，也可作为相关专业及科技人员的参考书目。

编者力求使本教材能体现出当前风景园林建筑设计的发展水平，同时又易于学生理解和接受。由于编者水平所限，在编写过程中难免有未尽完善之处，敬请专家、读者在使用中不断提出宝贵意见，以便进一步修改和提高。

编者

2015年6月于哈尔滨

目　录

1 绪论

建筑是形体美的艺术。从某种意义上说，建筑形体造型是创作的基本问题。纵观建筑发展的历史，从建筑文明之始——"初茨茅阶"、埃及金字塔，到希腊的神庙、罗马的斗技场、拜占庭的穹项、哥特的教堂、现代主义的方盒子，再到当代多元化的巴塞罗那博物馆，不难看出，建筑造型是建筑创作的最终表达手段与结果。建筑大师勒·柯布西耶在《走向新建筑》中也曾经说到："建筑是造'形'的事。"

建筑是通过人们的观察和视觉映像来认知的，建筑首先打动人的是外部形象。形象是建筑与人们首要的交流媒介，是空间本体的外部物质形态。现代社会是个信息的社会，一切事物都来自于信息的产生与传达。建筑形体作为信息的载体，反映不同的审美观、不同的思想流派的建筑风格、不同的社会经济技术进步的信息，同时还具有鲜明的时代性。它是一个有序的知觉整体，表达建筑的设计风格和人文内涵，反映着建筑的内在逻辑、力量、构成等特征。造型是建筑传达信息的本体，建筑意义的表达也是通过建筑造型引伸到象征与内涵层面上去的。

在建筑所具有的"形、色、质"三种视觉信息的维量中，"形"，无疑是起着最重要的作用。路易斯·康说过："当建筑师将各种设计上的问题都解决之后，将会惊讶于呈现在眼前的建筑造型。"建筑造型的直观性与重要性显而易见。

毋庸置疑，我们研究建筑，在认识上，建筑的变革是以流派、风格、哲学思想为根源的。建筑理论对建筑视野的拓展与启发构成了必不可少的前提，然而认识论毕竟局限于概念的相对性与操作方法的非针对性；在实践上，研究建筑形态的设计方法或许是改变现状的必经途径，建筑造型便可以作为探讨建筑设计手段一个有的放矢的切入点。

建筑的形体造型，从单纯的几何原型发展到繁复多样的现代形式，受到建筑风格流派的影响以及工业现代化发展的技术促进。伴随着后工业社会的到来，社会生活和观念发生巨大的变化、文化多元纷呈，建筑舞台也呈现出多样化的格局。现代主义、后现代主义、晚期现代主义、新古典主义、高技派、解构主义等这些多样化建筑风格流派的哲学思想和外观形象，都带来了建筑创作手法上的变革和创新。

因此，研究建筑造型的变化发展，与建筑功能的综合性、复杂性，工程技术的发展，社会因素和人们审美观有紧密的联系，同时，以具体的造型形象特点为出发点，重点研究建筑造型设计手法的变革、更新更是必要的手段与目的。

1.1 认识风景园林建筑

1.1.1 建筑的含义

狭义的建筑：指房屋或建筑物——抵御风雨严寒的遮蔽物。

广义的建筑：包括所有人类居住环境，即人居环境科学。

建筑与环境作为不可分割的整体所具有的层次关系：区域—城市—街区—建筑—室内—家具。我们应以广义建筑学及人居环境科学的角度去看待、分析和设计建筑，充分发挥其在人居环境中的积极作用。

1.1.2 风景园林建筑的定义

风景园林是人类在长期的生存过程中，围绕人的工作、学习、生活，对空间景象的艺术化创造。它是人类在漫长的历史中将物质实体与精神内涵完美结合的产物。风景园林的意义不仅在于其可以赏心悦目，同时也是人类自身保持生存发展所要求的，将建筑、植物、水体、环境设施等多元要素进行综合的空间创作艺术。

风景园林建筑是指在空间环境中具有造景功能，同时又能供人游览、观赏、休息的各类建筑物。风景园林建筑作为造景的重要组成部分有着悠久的发展历史，也曾创造了灿烂的风景园林文化。欧洲的自然式风景园林、中国的古典园林里都有优秀风景园林建筑的例证。

在现代意义上，广义的风景园林建筑即为景观营造之意，这种概念产生于19世纪末的美国。1858年美国景观设计学之父奥姆斯特德提出了"景观建筑学（Landscape Architecture）"的名称之后，1899年美国景观建筑师学会（American Society of Landscape Architecture，简称ASLA）创立，1901年美国哈佛大学设立了"LA"学院。在国内，对于"LA"的翻译和解释经过了许多的变化，直到今天仍然没有一个统一的解释："景观学"、"地景学"、"风景园林"等。本书认为译成"风景园林"更为贴切一些，"因为它（风景园林）较为全面而准确地表达了园林学的传承、发展、以自然和绿色为核心要素以及中国的特色" —— 金伯苓《何谓风景园林》。

风景园林建筑继承了传统的风景设计、园林绿化设计，并从其发展初期就同城市建设紧密结合，逐渐发展成为包含风景设计、植物设计、城市设计、建筑设计、环境艺术设计等多学科的、复合交融的设计体系。

而狭义上的风景园林建筑即指风景区内的，以控制、组织景观为主并具有画龙点睛效果的建筑。

中国风景园林学会在2009年年会《中国风景园林学会北京宣言》中提出，风景园林工作者的使命是：保护自然生态系统和自然与文化遗产，规划、设计、建设和管理室外人居环境，风景园林学科涵盖的范围包括风景园林资源保护与利用、风景园林规划与设计、风景园林建设与管理三个方面。

本书中的风景园林建筑属于上文所述广义的风景园林建筑范围。其概念如下：风景园林建筑就是在城市绿地系统范围内的自然风景、城市环境，以及其它人居环境中的一切人工建筑。

1.2 风景园林建筑的组成和分类

1.2.1 风景园林建筑的组成

风景园林建筑的基本组成包括：基础，墙和柱，楼地层，楼梯，屋顶，门窗。

1.2.1.1 基础

基础是建筑物最下部分，埋在地面以下，地基之上的承重构件。基础承受建筑物的全部荷载。一般的风景园林建筑规模不大，其基础埋置深度相应较浅，但应需要注意其对周边以及地下生态环境等的影响。

1.2.1.2 墙和柱

墙是建筑物的承重及围护构件。按其所在位置分为内墙和外墙；按其所起的结构作用，分为承重墙和非承重墙。为扩大空间，可用柱来承重。外墙具有抵抗风雪、严寒、太阳辐射的作用。外墙包括勒脚、墙身和檐口。勒脚是外墙与室外地面接近的部分；墙身上有门窗洞口、梁等构件；檐口为外墙与屋顶交接的部分。内墙用于分隔空间，非承重墙又称隔墙。

墙和柱在风景园林建筑中不但要起承重和围护的作用，还要有分隔空间的作用，是划分风景园林建筑内部和外部空间最主要的手段之一。

1.2.1.3　楼地层

楼层和地层是建筑物水平方向的围护构件和承重构件。楼层分隔建筑物上下空间，并承受作用其上的家具、设备、人体、隔墙等荷载及楼板自重，并将这些荷载传给墙或柱。楼层还起着墙或柱的水平支撑作用，以增加墙或柱的稳定性。楼层必须具有足够强度和刚度。根据上下空间的特点，楼层尚应具有隔声、防潮、防水、保温、隔热等功能。地层是底层房间与土壤的隔离构件，除承受作用其上的荷载外，应具有防潮、防水、保温等功能。

1.2.1.4　楼梯

楼梯是建筑中的垂直交通构件。楼梯应有足够的通行宽度和疏散能力。

1.2.1.5　屋顶

屋顶是房屋最上部的围护结构，应满足相应的使用功能要求，为建筑提供适宜的内部空间环境。屋顶也是房屋顶部的承重结构，受到材料、结构、施工条件等因素的制约。屋顶又是建筑体量的一部分，其形式对建筑物的造型有很大影响，因而设计中还应注意屋顶的美观问题。在满足其他设计要求的同时，力求创造出适合各种类型建筑的屋顶。风景园林建筑因点景是其主要作用之一，因此，其屋顶形式的丰富与否直接影响着其建筑艺术形象，在设计过程中显得尤其重要。

1.2.1.6　门窗

门和窗是房屋的重要组成部分。门的主要功能是交通联系，窗主要供采光和通风之用，它们均属建筑的围护构件。在设计门窗时，必须根据有关规范和建筑的使用要求来决定其形式及尺寸大小。造型要美观大方，构造应坚固、耐久，开启灵活，关闭紧严，便于维修和清洁，规格类型应尽量统一，并符合现行《建筑模数协调统一标准》的要求，以降低成本和适应建筑工业化生产的需要。风景园林建筑的门窗不但具有一般建筑门窗的基本功能，还要具有框景、借景、分隔空间和衔接空间等功能，是风景园林建筑空间设计的重要手段之一。

1.2.2　风景园林建筑的分类

风景园林建筑的分类有很多种方式。编者从时间的角度把风景园林建筑划分为两类——传统风景园林建筑和现代风景园林建筑。

1.2.2.1　传统风景园林建筑

对于传统形式来讲，由于中国古典园林经过数千年的发展，大致可分为皇家园林、寺观园林、私家园林、风景名胜园林四种类型，所以相对应的也就产生了适应这四种园林的风景园林建筑。比如，皇家园林大小规模的宫、殿等建筑群落，寺观园林中包括寺庙、佛塔、大殿等宗教祭祀建筑，私家园林中的亭、台、楼、阁等观赏建筑。

另外一种方式，从建筑形态来讲，作为赏景的场所及构景的要素，建筑并无明确的使用功能，主要分为：亭、廊、榭、舫、楼、阁、厅、堂、殿、馆、轩、斋、塔、台等，并且这些建筑形式或仿或创，被人们使用一直延续至今。

1.2.2.2　现代风景园林建筑

现代风景园林中，风景园林建筑的形式类型增加了很多，除保留延续了大部分的传统园林建筑形式和类型，也由于面向大众开放，成为服务大众的重要精神场所，衍生出很多适应时代要求的现代风景园林的建筑类型，现代风景园林建筑主要分为以下几种类型：

（1）从社会学的角度的分类

① 象征性风景园林建筑　此类风景园林建筑的特征是：具有前人留下的踪迹，有明确的长久历史价值、可视为集体传统的重要元素，独特或典型的特征、能带来精神鼓舞的地点或实体、崇拜点与体现社会价值。如长城就是中国精神的一个形象代表，而提到金字塔就马上会让人联想起埃及。

② 标志性风景园林建筑　此类风景园林建筑的特征是：表达了一个特定地点的品质或文化、暗示了某种场所精神、具有关于地方特点的集体形象。如西藏布达拉宫传达的是雪域高原一种神秘壮观的感觉。

③ 亲和性风景园林建筑　此类风景园林建筑的特征是：用于日常生活的场所，具有特定生活方式或地点的亲密性、日常熟悉的特征。如小区内的庭院、儿童乐园等。

（2）根据性质不同的分类

① 物质功能与精神功能并重的风景园林建筑　即指那些本身具有较强的实用功能，同时造型、设计、立意等方面极具特色，使之能够成为环境中极为抢眼的视觉主角，能够烘托气氛、点染环境的建筑。如一些设计新颖的展览馆、车站、办公建筑（统称为服务类风景园林建筑），码头、桥梁（统称为交通类风景园林建筑）等。

② 精神功能超越物质功能的建筑　这类风景园林建筑的特点是对环境贡献较大，具有非必要性的使用功能，多为休闲、娱乐之用。如一些亭、台、廊、谢等风景园林建筑均属此类。

③ 只具有精神功能，基本上不具备任何使用功能的风景园林建筑　其主要作用只是装点环境、愉悦人们的精神，是最为纯粹的风景园林建筑。此类建筑物包括露天的陈设、公共艺术品、小型点缀物等，如雕塑、喷泉、水池、花坛、标志等。

（3）根据使用功能不同的分类

① 游憩类风景园林建筑　这类建筑不仅给游人提供游览休息赏景的场所，而且本身也是景点或成景的构图中心，其形式基本上是承袭和发展了中国古典园林建筑的类型，如亭、廊、榭、舫、馆、轩、楼、阁、塔等传统建筑形式。

② 服务性风景园林建筑　这类建筑近年来在风景区和公园内已逐渐成为一项重要的设施，在人流集散、功能要求、服务游客、建筑形象等方面对景区有很大影响，主要包括：

a.饮食业建筑，如餐馆、餐厅、茶室等；

b.商业性建筑，如商店或小卖部、购物中心；

c.住宿建筑，如招待所、宾馆等。

③ 文化娱乐类风景园林建筑　这类建筑主要供游人在风景园林中开展各种活动用。如游艺室、俱乐部、演出厅、露天剧场、各类展览室等。

④ 管理类风景园林建筑　主要供内部工作人员使用，包括风景园林大门、办公管理室、实验室、栽培温室、食堂、仓库等。

1.3　关于风景园林建筑造型

1.3.1　风景园林建筑造型的概念

风景园林建筑造型，可分为广义和狭义两个层次。就广义而言，它是指风景园林建筑创作的整个过程和各个方面，其中包括功能、经济、技术和美学等内容；就狭义而言，它是指构成风景园林建筑形象的美学形式。在建筑界，一般所谓的风景园林建筑造型，通常是指后一种含义。

明确地说，所谓风景园林建筑造型的概念就是：构成风景园林建筑外部形态的美学形式。它是被人直观感知的建筑空间的物化形式。

1.3.2 风景园林建筑造型的特征

风景园林建筑造型的主要特征，有两个方面：一是它的环境特征；二是它的空间特征。前者是外部空间场对它的制约而形成的特征；后者是内部空间场（建筑功能的要求）对它的制约而形成的特征。此外，从建筑造型与其它造型形式相区别的角度分析，建筑造型又具有抽象的象征性的特征。

1.3.2.1 环境特征

就风景园林建筑本身总的特征来讲，它区别于任何其它工业造型和艺术造型门类的主要特征，就是它属于固定的工程形态，一般说来它的形态是不动的，是相对稳定的。推而言之，它构成了固定形态的建筑群和整个城市。这个特征归根到底取决于机能。机能不仅决定了风景园林建筑个体形态的稳定性，而且也决定了整个城市的稳定性。因为光凭"识别"这一点我们也宁可把风景园林建筑设计成不动的，否则很难设想一个失去标记和方位的城市将是一种什么景象。因此，从风景园林建筑到城市，实际上是一种环境的创造活动，是一项伟大的工程，是按照人的理想和审美规律再造的第二个自然界，或者说是人工环境系列。

现在，风景园林建筑造型的环境特征大体已经不言而喻了。风景园林建筑本身的固定性，要求建筑造型要与自然环境和所处的建筑环境相谐调。也可以说，风景园林建筑造型的形态不是单单凭借建筑师主观意向确定的，而是由风景园林建筑所处的环境条件所决定的。因此，要使风景园林建筑造型设计成功，首先必须认真分析风景园林建筑的造型环境，从中发现风景园林建筑造型的总根源，或者说要从空间中看出形象来。

1.3.2.2 空间特征

风景园林建筑造型从外部看，它是三维的立体形态，然而它的构成并非一般意义上的立体造型，它的立体构成要受内部空间构成的制约，其中包括风景园林建筑机能所规定的空间量和不同的空间形式等。此外，风景园林建筑空间即是一般造型的观赏性空间，又是包容人们从事生产、工作和生活的空间。人们要真正的体味风景园林建筑艺术，必须在动的状态下进行，即走马看花。这样，加上时间因素，风景园林建筑空间就是四维的概念了。如果从社会、心理、生态、文化等多种层次考察，风景园林建筑空间又具有多维性质了。

总之，风景园林建筑造型形式也不是单从外部立体构成角度就能确定的，它必须时时处处顾及到内空间的自然条件，这一点也是风景园林建筑造型设计中不可忽视的。

1.3.2.3 抽象的象征特征

所谓象征，一般情况下有两类形式：一类是具体形式，选用某种典型形象来隐喻某种事物，从而使人产生某种联想和情感，如纪念性雕塑、写实性的标志等；另一类是非具象的象征形式，这就是风景园林建筑造型。它不是用典型的具体形象来隐喻何种事物和思想，它只通过造型形式的各种关系要素，如色彩组合、方向、光影处理、虚实安排、质地效果等抽象的构成形式来创造某种抽象的心理感觉。诸如庄重、肃穆、轻快、明朗，朴实、大方、华贵、高雅等。因此抽象象征的特性在风景园林建筑造型中也是非常突出的。

1.3.3 风景园林建筑造型的分类

这里的分类方法是按照风景园林建筑造型的形式特点分的，目的在于单独研究风景园林建筑造型的形式规律和方法。对于风景园林建筑的机能类型，这里不予涉及。

1.3.3.1 雕塑式造型

由于现代风景园林建筑的产生和发展，极大地丰富和发展了风景园林建筑的语言，出现了许多新的词汇。在传统的风景园林建筑语言中，常常使用"组合"的方法来构成风景园林建筑外部形态，而现代风景园林建筑则常常采用"剔出"的方法来塑造风景园林建筑形象。雕塑式的风景园林建筑造型方法就属此类。如果我们将组合法称为"加法"的话，那么剔出法就是"减法"，如华盛顿美国国家艺术博物馆东馆的建筑造型，就是在一个梯形中剔出多余的部分，构成了三角形为母题的几何型体系。这类造型体系又可分为几何型和自由型两类。

1.3.3.2 组合式造型

这是一种历史久远的古典风景园林建筑造型体系。它是把各个不同形式的风景园林建筑部分，通过一定的造型手段，组合成一个有机的整体风景园林建筑造型形态。

这类风景园林建筑造型包括标准化装配式造型、构成式造型和大量性的连接式造型。对于连接式造型，由于应用广泛而历史悠久，一般易于了解。而对于构成式造型却不十分熟悉。所谓构成式造型，是用几个不同的几何型体和自由型体，按造型法则构成的风景园林造型形式。

1.3.3.3 装饰类造型

这类风景园林建筑造型多用于商业建筑和游乐建筑。这类风景园林建筑的造型特点是构思新奇、趣味性强、形式多样化。一般情况下体量较小，所以不大受周围环境的影响，结构、色彩和造型都不拘一格。

1.3.3.4 结构类造型

这类风景园林建筑是现代建筑科学技术发展的结果，主要是由于大空间的现代建筑结构技术的发展，进而出现的大跨度风景园林建筑结构形式。这种形式的特点是将各种空间界面连续为一个整体，打破了古典风景园林建筑墙体、屋顶、梁与柱的建筑设计模式，创造了许多全面空间的大型公共风景园林建筑，是现代风景园林建筑造型最具权威的标志。这类风景园林建筑按其结构形式分，可分为门架式、簿壳式、拱式、悬索式等造型形式。其主要是表现了力学的逻辑美，它们是用智慧的力量开发出的一种崭新的造型美学样式。它用现代材料和技术，以结构构件的形式物化了力的矛盾与统一的有机关系，反映了整体、局部和细部之间的逻辑美规律，同时也表现了严格的数比美关系。

1.3.3.5 文脉类造型

这类风景园林建筑造型的特点是从民族文化传统中寻找造型的原始符号，然后把它与现代造型规律和现代审美观念糅合一起，从中提炼出新的、与民族文化共有血缘关系的本土风景园林建筑造型形式来。这类风景园林建筑造型的设计者，强调民族文化文脉关系，主张建筑师要与历史对话，认为当今世界的风景园林建筑绝不是千楼一面的"国际式"，而是千姿百态的具有各民族文脉特色的风景园林建筑形式。

这是后现代主义国际建筑思潮的共同倾向。后现代主义的代表人物是查尔斯·詹克斯，他在1977年发表了《后现代主义建筑的语言》一书。当然后现代派的主张也不是完全相同的一个模式，例如日本的后现代主义建筑师黑川纪章和矶崎新虽然都属于后现代主义范畴，都在"文脉"上下工夫，但着眼点却是不同的。矶崎新利用历史的样式，无论是哪个民族的样式，他都广收博采，探索与现代艺术的结合点。而黑川纪章则把本国作为他的研究中心，通过把日本传统文化的精华，在现代风景园林建筑中加以反映的方法来寻找日本建筑的空间和特征。

1.3.3.6 其它类

凡是以上各大类不包括的特殊类型风景园林建筑造型，均划为此类。

（1）广告型

这种风景园林建筑造型很少考虑正常的建筑形式与内部的机能关系和与环境的关系，而主要目的在于宣传它的造型本身具有很强的广告功能。最典型的就是商业性的广告型风景园林建筑了。如冷饮店将房子的造型设计成很逼真的啤酒杯形式，汽车修理店将房子设计成像汽车一样的形式，海滨旅馆将其设计成轮船的形式等。这类风景园林建筑造型特点就是模仿性强，十分逼真，是为了以直观的形象达到招揽生意的目的，其内部的功能完全服从外部造型形式。

（2）未来型

这种风景园林建筑造型是建立在未来学基础上创造的，是带有浪漫主义色彩的幻想性建筑造型。例如，有人主张未来城市要解放陆地，房子都要向空间和地下发展。城市地面完全绿化，成为花园城市。于是就出现了像树形的、桥形的、向地下延伸的各种风景园林建筑造型，其造型之新奇，也是十分可观的。

本章思考题

1. 风景园林建筑由哪几部分组成？

2. 风景园林建筑造型具有什么特征？

3. 现代风景园林建筑按照使用功能不同分为几类？

2 风景园林建筑造型设计分析

风景园林建筑造型，指的是风景园林建筑和建筑的外部空间直接接触的界面以及其展现出来的形象和构成的方式，或者是风景园林建筑内外空间界面处的构件及其组合方式的统称。

风景园林建筑造型的设计包括体型设计和立面设计两个部分，其主要内容是研究建筑物群体关系、体量大小、组合方式、立面及细部比例关系等。建筑物的外部形象是设计者运用建筑构图法则，使坚固、适用、经济和美观等要求不断统一的结果。本章我们将逐一分析如何创造出丰富美观的风景园林建筑造型。

2.1 风景园林建筑造型设计的影响因素

2.1.1 建筑功能

风景园林建筑是为供人们生产、生活、工作、娱乐等活动而建造的房屋，这就要求风景园林建筑设计首先要从功能出发，不同的功能要求形成了不同的风景园林建筑空间，而不同的风景园林建筑空间所构成的建筑实体又形成建筑外型的变化，因而产生了不同类型的风景园林建筑造型。与此同时，风景园林建筑的造型形象又反映出风景园林建筑的性质、类型。形式服从功能是风景园林建筑设计遵循的原则，一般一个优秀的建筑外部形象必然要充分反映出室内空间的要求和建筑物的不同性格特征，达到形式与内容的辩证统一。风景园林建筑尤其强调建筑功能和建筑造型并重的设计原则。

2.1.2 材料、结构和施工要求

风景园林建筑是运用大量的建筑材料，通过一定的技术手段建造起来的，可以说，没有将风景园林建筑设想变成物质现实的物质基础和工程技术，就没有风景园林建筑艺术。因此它必然在很大程度上受到物质和技术条件的制约。

不同结构形式由于其受力特点不同，反映在体型和立面上也截然不同。如砖混结构，由于外墙要承受结构的荷载，立面开窗就要受到严格的限制，因而其外部形象就显得厚重；而框架结构由于其外墙不承重，则可以开大窗或带形窗，外部形象就显得开敞、轻巧。空间结构不仅为大型活动提供了理想的使用空间，同时各种形式的空间结构又赋予建筑极富感染力的独特的外部形象。

此外，不同装修材料，如石墙与砖墙的运用，其艺术表现效果明显不同，在相当程度上影响到风景园林建筑作品的外观和效果。

2.1.3 建筑规划与环境

单体建筑是规划群体的一个局部，群体建筑是更大的群体或城市规划的一部分，所以拟建建筑无论是单体或群体的体型、立面，在内外空间组合以及建筑风格等方面都要认真考虑和规划建筑群体的配合，同时还要注意与周围道路、原有建筑呼应配合，考虑与地形、绿化等基地环境协调一致，使风景园林建筑与室外环境有机地融合在一起，达到和谐统一的效果。

此外，气候、朝向、日照、常年风向等因素也都会对风景园林建筑的体型和立面设计产生十分重要的影响。

2.1.4　建筑标准与经济因素

房屋建筑在国家基本建设投资中占有很大的比例，因此设计者应严格执行国家规定的建筑标准和相应的经济指标，既要防止滥用高级材料造成不必要的浪费，同时也要防止片面节约、盲目追求低标准而造成使用功能不合理及破坏建筑形象。同时，设计者应提高自身设计修养、水平，在一定经济条件下，合理巧妙地运用物质技术手段和构图法则，努力创新，设计出适用、合理、经济、美观的风景园林建筑来。

2.1.5　精神与审美

风景园林建筑的造型还要考虑到人们对于建筑所提出的精神和审美方面的要求。

有史以来，风景园林建筑作为一种巨大的物质财富，总是掌握在统治阶级手中，它不仅要满足统治阶级对它提出的物质功能要求，而且还必须反映一定社会占统治地位的意识形态。无论是我国的气势磅礴的紫禁城和长城，还是古埃及建筑，都以其特有的建筑空间和体型的艺术效果抽象地表达着统治阶级的威严和意志。高直入天的教堂，所采用的细而高的比例、竖向线条的装饰尖拱、尖塔等形式，也无不表现了人们对宗教神权的无限向往和崇拜。对于教堂、寺庙、纪念碑等此类建筑，左右其外部形式的与其说是物质功能，毋宁说是精神方面的要求。

此外，在同一时代的风景园林建筑之所以风格迥异，是与不同国家、民族、地区的特点与审美观及设计流派密切相关的。

2.2　风景园林建筑造型设计原则

风景园林建筑的造型可以是多元多变的，形式可以百花齐放，千变万化。但是，它必须按照美的规律来创造。对于造型来说，就是要按照形式美原则去设计和推敲。"决不能以流派为口实随心所欲，滑到不可知的怪、奇、丑的邪路上去"。也就是说，尽管不同建筑艺术流派主张各异，尽管随着时代的进步，人们的审美观念在不断的发展，但是审美活动的规律是客观存在的，而且它是相对稳定不变的。因为前者的进步和发展，对于它只能起到深化、丰富和完善的作用，而不会推翻它。

2.2.1　风景园林建筑造型与形式美学

所谓形式美学即从普遍的造型活动中，单独抽出造型形式作为自己研究对象的审美科学，亦称为形式构图学，是近代美学与人类实践活动的纵深方面发展的产物。人们通常所谓的"形式法则"、"形式美原则"等均属它的研究范围之内。形式美学研究的对象是非常广泛的，它包括所有造型艺术形式，诸如雕塑、绘画、工业美术、实用美术、舞台美术等各类造型形式。当然，风景园林建筑造型也不例外。特别是风景园林建筑造型又属于象征性的造型艺术范畴，往往多采用抽象的几何形式，所以与形式美学的关系就更为密切了。深入研究形式美学与建筑造型的关系，有利于自觉认识理解风景园林建筑造型的规律、原则和方法，克服设计中单凭个人经验的盲目设计行为。同时，还可以认识和理解不同风景园林建筑造型的特殊性所形成的特殊的造型形式，避免造型形式的雷同和千篇一律。因此，风景园林建筑造型与形式美学有着密不可分的天然联系。

2.2.2 风景园林建筑造型的一般规律

所谓规律，是指事物之间的内在的必然联系。这就是说，并非任何客观的联系和关系都具有规律的意义。规律是现象的普遍联系，而且是必然的联系，是现象中本质的东西，那么风景园林建筑造型形式的规律是什么呢？这首先要从形式美学的规律说起。

众所周知，辩证唯物主义认为，对立统一的规律，是人类社会和自然界一切事物的根本规律。作为形式美学的一般规律，当然也不能离开这个根本规律。在造型形式的范畴里，它具体表现为形式要素间的整体与部分和部分与部分间的异同关系上，即造型形式（以下简称形式），诸要素间的既有区别又相互联系的关系上。进一步说，形式的对立表现在形式间的区别之中；而形式间的统一，则表现在形式间的联系之中。这种形式间的对立和统一关系，从本质上说就是形式的极化和同化的关系。因此说，形式美学的规律就是形式间的"异同整合律"。

所谓"整合"就是你中有我，我中有你，即有机结合的整体和谐概念，它不是形式间的简单线性的异同关系，而是多元的。多层次的有机平衡的异同关系。这种异同关系用词语概念来描述就是"和谐"，和谐的程度就是"美度"。

在形式的异同整合关系中，形式间的"异"是绝对的（客观上形式诸要素间的形式天地是相异的），是无条件的，而形式间的"同"则是需要一定条件的。因此，研究形式间的"同"，即形式的和谐就成其为主要矛盾了。然而，和谐的本质并非是"异"与"同"的简单联合，而是对立面的斗争，是相互排斥的东西的有机结合。在形式中若缺乏对比，就会产生单调乏味之感；若缺少统一就会有杂乱无章之感。

综上所述，风景园林建筑造型的一般规律也应当是"异同整合律"，或者说是风景园林建筑内外空间造型的异同整合律。

2.2.3 风景园林建筑造型的具体规律

在异同整合律这个造型总规律的制约下，为了求得风景园林建筑造型形式的完美与和谐，还必须深化到形式的各个方面，从而找出构成形式间相互整合的具体规律来，通常称之为形式法则。可以说，这些形式法则包括了形式和谐关系的各个方面，是风景园林建筑造型必须遵守的具体规律，简称"五律"。

2.2.3.1 对比律

在风景园林建筑造型过程中，是表现形式间相异关系的一种法则。它表现风景园林建筑造型诸要素间彼此相反的形式对照，强调其对比效果。由于它对人的视觉冲击力很强，易引起人的注意而产生兴奋效应。它在风景园林建筑造型中的主要作用是使形象生动感人，富于生命力。例如我们有时评价某一建筑造型时常说："这个建筑形象鲜明，很生动。"之所以会使人产生这样的感觉，其主要原因就是风景园林建筑造型中的对比因素在起作用。因此说对比是风景园林建筑造型中最为活跃的积极因素。

对比律的内容是极其丰富的，如大小、方向、明暗、色彩、质地、软硬、曲直、刚柔、宽窄、锐钝、虚实等（图2-2-1）。

图2-2-1 明度比与建筑造型的关系

2.2.3.2 同一律

所谓同一律，就是在风景园林建筑造型中

求得形式间联系的一种法则，与对比律相对应，它是强调形式间的相同点，使各种不同的要素，能有机地处于相互联系的统一体中。这是风景园林建筑造型过程中最具有和谐效应的一种法则。例如，我们评价一幢风景园林建筑，说它具有和谐的美感，其主要起作用的法则就是同一律。从某种意义上说，在风景园林建筑造型过程中，探求形式间的同一关系，常常成为其主要内容。因此，在风景园林建筑造型中，探求形式间的同一关系的法则就异常丰富了。

（1）对称

所谓对称，即沿一个轴，使两侧的形象相同或近似。这是一种强有力的传统的风景园林建筑造型形式。在近代的新建筑运动中，对称构图形式成为被攻击的主要目标。的确，这是一种古老而普及的风景园林建筑构图形式，随着时代的前进，无论从机能的复杂性还是人的审美要求的多样性，都要求改变这种单一的构图形式。然而，对称构图，作为被历史铸造的造型方式，它已经深深地植根于人们的审美意识中，要完全否定或抛弃它都是不现实的。况且，形式法则也是在不断地继承旧形式的基础上来创造新形式的，没有对称也不可能产生不对称。这两种形式是相辅相成相互依存的。

对称包括完全对称、近似对称和反转对称等形式。

"完全对称"是一种最普通的单纯对称形式，可以说，无论怎样杂乱的形象，只要采用完全对称的方法加以处理，立即就会面目大改，秩序井然；"近似对称"，即宏观上是对称的，在局部上是有变化的，在我国的传统建筑装饰中是一种常见的手法，这是一种在不变中求变化的有生气的对称形式；所谓"反转对称"，即两个同一形象的相反对称，也称逆形对称。这种对称容易在统一的形式中产生动感，是一种现代感很强的对称形式（图2-2-2）。

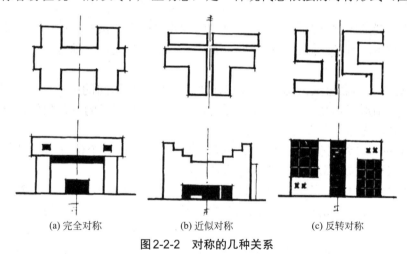

(a) 完全对称　　　　　　(b) 近似对称　　　　　　(c) 反转对称

图2-2-2　对称的几种关系

（2）反复

所谓反复，即以相同或相似形象的重复出现来求得整体风景园林建筑形象的统一。它的主要特征是以单纯的手法求得整体形象的节奏美，在风景园林建筑造型中强调同一的秩序，以加强对主要形象的记忆，使之印象深刻，难以忘怀。

反复形式可分为单纯反复和变化反复两种形式。

"单纯反复"就是单一形式的重复再现。在某种意义上说，它是现代高度工业化社会的产物。如现代高层建筑玻璃幕墙构件，由于施工的高度工业化，就要求减少构件类型，同时，大体量的建筑形象构件多，如果构件类型复杂，就会使建筑形象失去整体感，只有单纯的反复才能使建筑造型产生均一美。（图2-2-3）"变化反复"形式，除产生节奏美外，由于它在反复中有变化还会产生某种单纯的韵律美。当然要注意变化的层次不宜过多，否则会失去反复的单纯性而走向它的反面。

（3）渐变

所谓渐变，就是形象的连续近似，是一种以类似求得风景园林建筑形式统一的手段。无论怎样对立的风景园林建筑造型要素，只要在它们之间采用渐变的手段加以过渡，两极的对立就会转化为统一的关系。如要素的大小之间、方圆之间、色彩的明度之间和色彩的冷暖之间等，都可用渐变的手法求得它们的统一。渐变形式使人产生的感觉是柔和、含蓄的，具有抒情的意味（图2-2-4）。

图2-2-3 单纯反复

图2-2-4 渐变

（4）对位

所谓对位，就是通过位置关系来求得风景园林建筑造型关系的和谐统一。简单地说，就是位置的秩序逻辑。风景园林建筑造型的位置关系，主要是通过中轴线和边线的某种对应关系体现的。

① 心线对位 顾名思义，即风景园林建筑造型形式要素间的中心线之间的位置联系。即它们之间以中轴形式相互正对的关系。无论形式的大小和形状的变化如何，只要它们之间有这种正对关系，均称之为心线对位（图2-2-5）。

② 边线对位 边线对位即形象的外边线与另一个形象的某个位置的正对关系。其中包括单边对位、双边对位和比例对位等对位形式。

所谓单边对位，就是一个形象的一边与另一个形象的一边的正对关系；双边对位，就是两个形象的两个边完全呈正对关系；比例对位，就是一个形象的一边与另一形象自身的某个比例位置的正对关系，但一般说来，以不超过人眼的感觉倍数为宜，在5～6倍左右为好。

在对位构图中，几何形象所表现的对位关系是较为明显的，而自由的不规则的形象的对位关系，则是难于认定和处理的。对于这类形象，一般是找出形象均衡的视感中心做心线。边线则是找出形象的视感边线位置作为对位坐标。决不能以为凡是边线都是形象的轮廓线。

在边线对位中，还要注意一个问题，即两个形象距离越远，则越是产生错位的感觉，似乎向对位线的分离方向错动。所以，在处理形象间的对位关系时，就应当按形象的远近距离留出适当的校正量来，不可简单从事（图2-2-6）。

由于现代风景园林建筑造型形式日趋简洁，即使是后现代建筑造型也不提倡繁琐装饰，所以在风景园林建筑构图中，造型的总体结构和逻辑关系就显得十分重要了。而对位法则正是体现这种效果的关系要素。在风景园林建筑造型中，无论是平面、立面或整体、局部，都是不可忽视的。

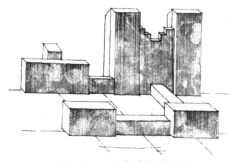
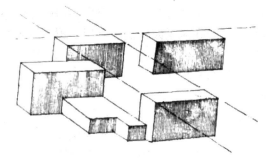

图2-2-5　心线对位关系图　　　　　　图2-2-6　边线对位关系图

2.2.3.3　节韵律

所谓节韵律即节奏和韵律的合称。因二者是既有区别又是相联系的，所以合为一律。风景园林建筑造型的节奏，就是造型要素的有规律的重复，使之产生单纯的、明确的联系。风景园林建筑造型的韵律则是造型要素有规律的变化，使之产生高低、起伏、进退和间隔的抑扬律动关系。它富于充实的变化美和动态美。

节奏和韵律的关系是异常密切的。节奏是韵律的单纯化；韵律则是节奏的深化和发展。如果说节奏是富于理性的话，那么韵律则是富于感情的。在风景园林建筑造型中，节韵律的主要机能是使之产生情趣效果，具有抒情的意味。这种构图手段，一般适用于文化、娱乐、旅游、托幼建筑和建筑小品。它的形式是多种多样的，概括起来可以分为五类：渐变的韵律、起伏的韵律、旋转的韵律、交错的韵律和自由的韵律（图2-2-7）。

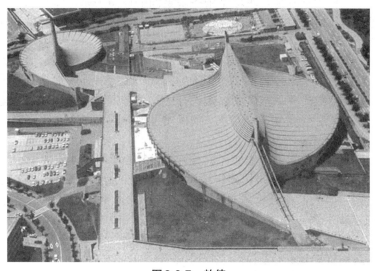

图2-2-7　韵律

2.2.3.4　均衡律

均衡律是风景园林建筑造型的重要法则。在自然界，相对静止的物体，都是遵循力学的原则，以安定的状态存在着的。因而生活在地球上的居民，把均衡和稳定视为审美评价的重要方面。对于人们生活于其中的建筑，对其造型方面的均衡要求则是很高的了。当然客观世界实际上的均衡和稳定与审美意识上的均衡与稳定是属于不同范畴的。前者是自然科学研究的概念，是采用逻辑思维的方法。而我们则是从风景园林建筑造型形式美角度来研究均衡律的。然而实际上的均衡与审美上的均衡之间，并非是毫不相干的。它们之间是既有区别又有联系。所以，我们在研究审美的均衡法则时，也不能离开逻辑分析的办法。

均衡形式大体分为两类，即静态均衡与动态均衡。静态均衡是指在相对静止条件下的平衡关系。这是在风景园林建筑造型过程中，长期和大量被普遍运用的形式。它是沿着建筑的中心轴左右对称的形态。两侧保持绝对的均衡关系；而动态均衡则是以不等质和不等量的形态，求得非对称的平衡形式。这两种风景园林建筑造型，前一种在心理上偏于严谨和理性，因而有庄重感；而后一种则偏于灵活性，因而具有轻快感。

在处理构图的均衡关系时，应当注意到由于在人们的生活习惯中，左右手的使用频率是不平衡的，常常是右手的使用频率要超过左手。所以，当我们处理风景园林建筑造型推敲均衡关系时，要注意使右侧的力感适当加强，这样才会取得视感上的完全平衡（图2-2-8）。

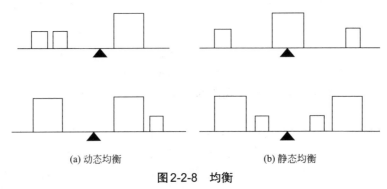

(a) 动态均衡　　　　　　　　　　　　　　(b) 静态均衡

图2-2-8　均衡

2.2.3.5　数比律

所谓数比律，是指风景园林建筑造型中各要素间的逻辑关系，即数比美学关系在建筑中的体现。由于建筑的几何性、抽象性和象征性等特点，数比律从建筑诞生的那一天起，就与之结下了不解之缘。

早在公元前六世纪，古希腊的哲学家毕达哥拉斯就发现了数比美。他从数学和声学观点出发，来研究音乐的美，认为各种不同的音阶的高低、长短、强弱都是按照一定的数量比例关系构成的。后来他把数比关系推广到建筑设计中。甚至把它上升到主宰宇宙间一切现象的原则。当然，这样未免有些过分了。但是，他确实发现并深化了数比美，这是对人类造型美学的巨大的贡献。

数比律不仅体现了形式间的数比的异同整合关系，更重要的是在于它表现了视觉形象的逻辑关系。如果说节韵律使风景园林建筑造型富于感情的话，那么数比律则使之获得了秩序和理性。从古到今，人们在分析风景园林建筑造型时，常常用单纯、肯定的几何形关系来度量其数比的逻辑关系。毕达哥拉斯为了推敲节奏，曾把一条有限直线分为长短两段，反复加以改变和比较，最后满意地得出如下结论：即短比长相等于长比全；而且长与短相乘得出的面积也是同样的比例。因而，古希腊美学大师柏拉图，把这种比例称之为"黄金分割"，并发现这种比例同音乐节奏密切关联。他还认为黄金分割蕴藏着创业的秘密，甚至把它奉为永恒美的比例。现代著名建筑大师柯布西耶，根据人体比例的研究，将黄金分割进一步发展成黄金尺，谋求给予建筑造型的合理性。它本人的许多设计就是严格地按照这个原则进行的。

其实，比例可以发端于人体，但是当它一旦成为一种独立的原则时，它便不再受客观自然界的限制，而更加科学地按照人的理想要求创造出更多、更新的数比形式了。因此，应当说永恒的比例美是不存在的，它要随着时代的前进而发展。例如现在广泛应用的等差数列比、等比数列比、根号比、宽银幕比等，都是美的比例关系，不能说它们就比黄金比差，这要从毕达哥拉斯建筑机能以及同建筑的关系等多方面因素来判断（见本书第4章图4-2-11）。

2.3 风景园林建筑造型风格

自古以来，人们就十分重视建筑物的造型设计。在漫长的历史过程中，各个时期的风景园林建筑有不同的风格特征，其中具有代表性的特征也成千上万。如人们通常所说的"古希腊风格"、"古罗马风格"、"洛可可风格"、"现代风格"、"后现代风格"等。对于这些风格的特征，历史已经做了充分的评说。据此，我们可以全面系统地对以往的设计风格进行总结、分析和概括，进而品味评赏、借鉴继承，这便是正确理解风景园林建筑造型总体风格的目的之一。

2.3.1 古典主义风格
2.3.1.1 中国古典建筑风格

中国古典建筑的造型基本上是由台基、屋身、屋顶三大部分组成。台基一般由砖石砌成，承托着整座房屋，一方面起保护木柱不受雨水和潮气侵蚀的作用；另一方面又与柱的侧脚、墙的收分相结合增加建筑物的稳定感，使其显得庄严和雄伟。如故宫太和殿与天坛祈年殿的台基，前者显示了皇宫的尊贵，后者则表现了祈天建筑的高耸云霄、与天相通的气度（图2-3-1、图2-3-2）。

图2-3-1 故宫太和殿

图2-3-2 天坛祈年殿

架设于台基之上的屋身，一般采取明间面阔略大、两侧面阔略减的方式，既满足功能要求，又使外观取得了主次分明的艺术效果。屋身的墙体不承受屋顶的重量，所以建筑的外墙可以灵活处理。外墙可以是实体的墙，在北方寒冷地带，可以用厚墙（图2-3-3）；在南方炎热地带，可以用木板或竹编的薄墙，也可以不用墙而安门窗，甚至房屋四周都可以临空而完全不用墙，如园林或风景区中亭、廊、水榭等（图2-3-4）。

图2-3-3　厚重的实体墙

图2-3-4　不用墙而组成的亭和廊

　　屋顶部分是中国古典建筑最具特色的造型要素之一。由于木结构的关系，中国传统建筑体形都显得庞大笨拙，人们将屋顶做成曲面形，屋檐到四个角也都微微向上翘起，使十分庞大高耸的屋顶显得生动而轻巧（图2-3-5）。

　　中国古典建筑善于从外形上进行各种艺术处理。房屋木结构的梁、枋出头，被加工成各式动植物或几何形体。为防潮防蛀，人们在木结构的露明部分涂上油彩，从而创造了中国建筑特有的"彩画"装饰。此外，在古建筑的屋脊、石造台基和栏杆、砖造的大门门头和墙头以及木制门窗上，凡是稍微讲究的房屋，几乎都装饰有石雕或者砖雕、木雕（图2-3-6、图2-3-7）。

图2-3-5　中国古典建筑向上翘起的屋檐

图2-3-6　屋脊装饰构件

图2-3-7　木雕和砖雕

2.3.1.2 西方古典建筑风格

（1）古希腊建筑风格

早在2000多年前古希腊人就利用石材建造房屋，产生了柱廊和三角形山墙的建筑造型，古希腊建筑以挺拔的柱式以及简洁的形式使人感觉亲切（图2-3-8）。柱子多用垂直线条装饰，尤其是柱顶都有装饰花纹，形成独特的标志。山墙是古希腊建筑风格中重要的组成部分之一，也是立面重点装饰的部位，不同风格的山墙有着不同的美感。

图2-3-8　古希腊风格建筑

（2）古罗马建筑风格

罗马人利用混凝土建造大跨度的拱券，创造出券柱式和叠柱式的多层建筑形式。罗马式拱券有着古朴的风格和动感的造型，柱与梁是支撑建筑的重要结构，也是人们进行重点装饰的部位，拱券与优美的柱子组合成为经典，建筑立面注重各个组成构件的和谐搭配，如图2-3-9所示为罗马帝国康斯坦丁大帝凯旋门。

图2-3-9　罗马帝国康斯坦丁大帝凯旋门

（3）哥特式建筑风格

哥特式建筑是十一世纪下半叶起源于法国，十三世纪至十五世纪流行于欧洲的一种建筑风格。哥特式的建筑大量采用垂直线条和尖塔装饰，采用比例瘦长的尖券、凌空的飞扶壁，全部采用垂直向上的墩柱，为使建筑显得轻盈，在飞券等处做镂空的尖券，给人以挺拔向上之势、直冲云霄之感。哥特式建筑还大量采用彩色玻璃和高浮雕技术，使整个建筑更显得轻巧玲珑、光彩夺目（图2-3-10）。

图2-3-10　哥特式风格建筑立面的代表——米兰大教堂

（4）文艺复兴时期的建筑风格

十五世纪至十七世纪文艺复兴时期流行于欧洲的建筑风格，称为文艺复兴时期的建筑。这种建筑在造型上排除象征神权至上的哥特式建筑风格，以人体美的对称、和谐为基本思想。建筑立面采用古典柱式，灵活变通，大胆创新，甚至将各个地区的建筑风格同古典柱式融合一起。他们还将文艺复兴时期的许多科学技术上的成果，如力学上的成就、绘画中的透视规律、新的施工机具等，运用到建筑创作实践中去（图2-3-11）。

（5）巴洛克建筑风格

巴洛克是十七世纪广为流传的一种艺术风格，巴洛克艺术最早产生于意大利，巴洛克建筑具有如下的一些特点：追求立面的雕塑感，制造强烈的光影变化；对样式求新求奇；大量采用起伏曲折的交错曲线，并强调力度变化和运动感。这时期的建筑虽已不能和文艺复兴时期建筑同日而语，但上述特征仍颇具文艺复兴时期的余韵。巴洛克建筑的代表作品是意大利圣卡罗教堂（图2-3-12）。

图2-3-11　文艺复兴时期的建筑代表——佛罗伦萨大教堂

图2-3-12　意大利圣卡罗教堂

（6）古典主义建筑风格

古典主义建筑以法国为主，建筑风格崇尚古典柱式，强调建筑中的主从关系，力求突出中心，讲求对称，这反映了绝对君权下的等级制度。古典主义的建筑外形端庄雄伟，内部则明显受到巴洛克建筑风格的影响，空间效果极其奢侈豪华。古典主义建筑的代表作品是凡尔赛宫（图2-3-13）。

图2-3-13　凡尔赛宫

2.3.2　古典复兴、浪漫主义和折衷主义建筑风格

十八世纪六十年代至十九世纪末，欧美诸国掀起了一股复古思潮，都以模仿古典为时尚，史称这段时期的建筑为复古思潮建筑，一般将其分为古典复兴、浪漫主义和折衷主义三种建筑风格。

2.3.2.1　古典复兴建筑风格

十八世纪掀起了建筑的复古思潮，人们以希腊、罗马建筑为创作新建筑的蓝本，已成为建筑创作主导思想。虽然欧美各国都在倡导古典复兴，但各国的发展各有侧重。大体上法国和独立后的美国以复兴罗马式建筑为主，而英国和德国则以希腊式样建造的房屋较多。如图2-3-14所示美国在古典复兴时期以罗马风格为创作基础建成的美国国会大厦建筑造型，即是仿巴黎万神庙造型，借鉴罗马建筑手法来表现庄重、雄伟的纪念性的代表作。

图2-3-14　美国国会大厦

2.3.2.2　浪漫主义建筑风格

浪漫主义建筑风格是指十八世纪下半叶到十九世纪下半叶活跃在欧洲文艺领域中的浪漫

主义思潮在建筑创作上的反映。这种思潮强调个性，提倡自然主义，主张用中世纪的艺术风格与学院派古典主义艺术抗衡。浪漫主义的发源地是英国，因此英国留下的作品较多，如图2-3-15所示为圣吉尔斯教堂。

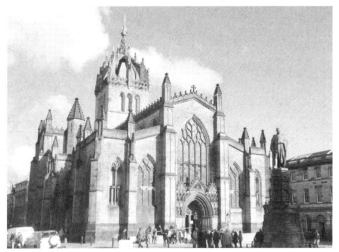

图2-3-15　圣吉尔斯教堂

2.3.2.3　折衷主义建筑风格

折衷主义建筑是十九世纪末到二十世纪初的一种建筑创作思潮。这种思潮认为只要能实现美感，可以不受风格的约束，自由组合各种建筑式样或拼凑不同风格的装饰纹样。往往在一幢建筑上既有古希腊的山花，又有古罗马的柱式和拱券，还有拜占庭式的穹顶，因而又有"集仿主义"之称（图2-3-16）。

图2-3-16　折衷主义建筑风格代表作品——巴黎歌剧院

2.3.3　现代主义建筑风格

第一次世界大战前后，欧洲因受战争破坏，经济状况不佳，在建筑创作上，迫使建筑师们讲求实效。这个时期的建筑实事求是地去掉无谓的浮饰，墙面平整光滑，无突出的柱式或线脚，窗子用大片玻璃，不加窗棂，干净利落，与传统古典建筑形成鲜明对比，开一代新风（图2-3-17、图2-3-18）。

图2-3-17 西格拉姆大厦

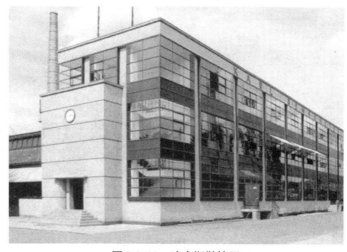

图2-3-18 法古斯鞋楦厂

2.3.4 后现代主义建筑风格

后现代主义起源于二十世纪六十年代中期的美国，活跃于二十世纪七八十年代。后现代主义注重地方传统，强调借鉴历史，同时对装饰感兴趣，认为只有从历史样式中去寻求灵感，抱有怀古情调，结合当地环境，才能使建筑为群众所喜闻乐见（图2-3-19）。他们把建筑只看作是面的组合，是片段构件的编织，而不是追求某种抽象形体。

2.3.5 晚期现代建筑风格思潮

2.3.5.1 解构主义

二十世纪七十年代，一些先锋派建筑师从理论和实践方面对解构主义建筑做了富有成效的探索和实践。解构主义建筑大胆向古典主义、现代主义和后现代主义提出质疑，它的"非理性"的理论根据在于发现以往任何建筑理论及建立的秩序都有某种脱离时代要求的局限性，不能满足发展变化的要求，在这种社会背景下，解构主义思潮风卷云涌占领了

图2-3-19 后现代主义建筑——美国波特兰市政大楼

西方建筑领域。如图2-3-20为弗兰克·盖里设计的西班牙毕尔巴鄂古根海姆博物馆，集中体现了他的结构主义思想，整个建筑坐落于河边，采用了弯曲、扭曲、变形、有机状、各种材料混合拼用等手法，体积庞大，形态古怪，采用了昂贵的材料金属钛作为中央大厅的外墙包裹材料，金属钛在阳光下闪烁发光，在风中震动，极具特色。

2.3.5.2 高技派

高技派是指以第二代机器美学——高技术美学为基础，不仅在建筑中采用新技术，同时在美学上也极力鼓吹新技术，将高科技的结构、材料、设备转化为建筑表现其自身的手法，并在造型风格上注重表现"高度工业技术"的这类建筑流派。如图2-3-21所示的法国埃菲尔铁塔和图2-3-22所示的波尔多法院都体现了高技派利用现代科技成就来创造适宜的人居环境的特点。

图2-3-20　西班牙毕尔巴鄂古根海姆博物馆

图2-3-21　法国埃菲尔铁塔

图2-3-22　波尔多法院

2.3.5.3　生态建筑

所谓生态建筑，简而言之就是将生态学原理运用到建筑设计中而产生的建筑。生态建筑就是根据当地的自然生态环境，运用生态学、建筑学以及现代高新技术，合理地安排和组织建筑与其他领域相关因素之间的关系，与自然环境形成一个有机的整体。它既利用天然条件与人工手段制造良好的富有生机的环境，同时又要控制和减少人类对于自然资源的掠夺性使用，力求实现向自然索取与回报之间的平衡。它寻求人、建筑（环境）、自然之间的和谐统一。

如图2-3-23所示为伦左·皮阿诺设计的奇巴欧文化中心，建筑由十座大小不同、功能各异的"容器"棚屋状单元组成。皮阿诺从当地的棚屋、手工艺品中受到启发，进而提炼出曲线形木肋条结构，是建筑的形式与场地有着强烈而动人的关系，背对海洋吹来的劲风，却向

图2-3-23　奇巴欧文化中心

岛内宁静的湖泊展臂开放。

2.4 风景园林建筑造型设计的内容

科学与艺术是建筑所具有的双重性，而风景园林建筑被人们称为"城市的雕塑"。它既注重经济、实用与结构，又以其独特的艺术形象来反映生活，以其深刻的艺术性和思想性来感染人。

2.4.1 建筑设计与结构造型设计

建筑艺术与其他纯艺术的区别之一，在于它无法建立在空想的基础之上，它需借助于技术的支撑，而同时技术的发展也常常给建筑艺术注入新的内容，结构、材料、产品、施工等技术的发展，给建筑师提供了发挥的基础。同时，结构造型本身作为一种重要的表现形式，也越来越得到更多建筑师的运用。

风景园林建筑设计的立足点在于美学，而结构设计的立足点在于力学，美学与力学的结合并不是现代建筑所特有的新的课题，早在古希腊、罗马和中国的古建筑中都可找到其完美结合的例证。现代风景园林建筑中，各种结构和材料技术的迅速发展一次次将新的空间梦想变为现实，又一次次冲击古老的风景园林建筑美学的概念。在很长的一段时间中，建筑师为追求设计美学完美，尽可能利用装修手段将结构隐藏起来。但是，近几十年来，随着通透空间的大量应用，建筑结构所体现的理性和技术的美感被重新认识，结构设计以其特有的理性造型，给建筑设计师注入了新的内容。为此，结构造型设计也就应运而生。

所谓的结构造型设计是建筑师和结构工程师相互配合的结晶，它并不等同于单纯地暴露结构，暴露的方式、位置、结构形式、构件造型等都必须纳入建筑设计的范畴才能展示其魅力。建立在理性的技术基础上并注入了感性的建筑思维的结构造型设计，在现代风景园林建筑设计中起着不可忽视的作用，它体现出现代空间造型对技术的认同。

2.4.2 建筑造型与功能

对于风景园林建筑造型与功能的关系，不同人看法不同。美国建筑师沙利文在二十世纪初曾提出"形式追随功能"的主张。针对当时复古与折衷主义思潮，它是具有革命意义的崭新观念，但随着时代发展，过分强调功能的信条的"现代主义"显露出许多单调、呆板的弊端，满足不了人们对建筑精神与审美方面的高层次需求，所以，倡导"后现代"的人提出了"从形式到形式"的观点，想要冲破"现代主义"的教条束缚，拓展"现代主义"建筑的内涵。事实上，风景园林建筑作为技术、艺术与价值观念的结合体，不但要满足一般的功能要求，还要在空间与造型的创造上为人类提供新的可能，在营造文化品位和场所的氛围上多下工夫，寻找到关于建筑的各种矛盾之间的最佳平衡点，成为一个优秀的风景园林建筑。

2.4.3 建筑造型与空间组合

独特的结构形式会创造出独特的风景园林建筑造型，在一些大型的体育建筑很常见，各种形式的空间组合反映到建筑造型上会产生新颖的效果。现代风景园林建筑设计是一个复杂的体系，只有将各种建筑要素综合在一起考虑，才能在设计中把握住方向，得心应手。设计师要注重自身的造型艺术和其他艺术门类的修养，与其他专业密切配合，综合考虑经济、功能、美观等各种条件和制约，以人为本，精心设计和创作。

2.4.4 建筑造型与尺度

通常情况下，风景园林建筑所用的尺度层次越丰富，其造型效果就越生动。这种尺度包括着亲切尺度和非亲切的尺度。例如，建筑物可以开正常大小的窗，也可开带形窗或做成幕墙等，而带形窗又可做成长的、短的、横的、竖的（图2-4-1）。以上窗的几种形式，表现出的不同尺度，用在同一建筑上就构成了多层次的尺度。在多尺度设计的同时，我们也要考虑其它因素，避免造成繁琐、杂乱无章的感觉。如柯布西耶的朗香教堂，在外立面上不规则排列的方形窗口使得大片实墙富于变化，又突出教堂的神秘感，而正好处于塔与大面墙之间的门，在光影之下显得十分幽深，依靠点的韵律，使建筑本身略显单调的外表活泼起来（图2-4-2）。另外，许多人主张在生活中人们经常接触的部位宜采用亲切的尺度，使人感觉到愉悦、亲切和舒适。

图2-4-1　变化的带形窗

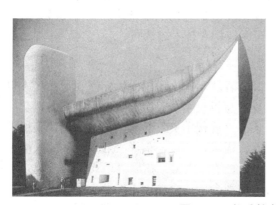

图2-4-2　朗香教堂的各种方形窗

2.4.5　光与色在建筑造型中的运用

光与色是不可分割的整体。柯布西耶说"建筑是阳光下各种型体的展示"，也包括了色彩。在造型中，色彩可单独作为一种元素来用，也可同材质等结合起来应用。在光的照射下色彩常展现出难以言喻的意境，为造型增色，而且在空间处理方面也起了很大作用。在设计中，色彩是一种花费少而收效大的处理方式。

色彩的运用不是随心所欲的，要视具体情况来定，色彩可以点、面或体的形式出现，形式不同，产生的效果也不同。贝聿铭是和谐、质朴、怡然、超逸意境的营造者，他设计的北京香山饭店，依靠黑白色调的提炼，使自然环境中的苍松、翠竹、山石、清泉与装修中的竹帘、木椽、水墨画等融为一体，尤其是依靠置于后花园休息厅的两侧的赵无极的黑白水墨抽象画与建筑物的完美结合，获得了"此画只应此境有"的境界（图2-4-3、图2-4-4）。

图2-4-3 北京香山饭店主庭院

图2-4-4 北京香山饭店后院曲水流觞

2.4.6 材质在建筑造型中的运用

在风景园林建筑造型中，材质的运用不同，给人的感受效果也不一样。通过材质的运用，可单独构成协调或对比的效果。粗糙材质如毛石给人以天然、文化的意味，精美的花岗岩给人以坚固华贵的感觉，铝塑板则给人现代感十足的简洁气息，透明玻璃则给人以通透轻盈之感。对一幢建筑物的不同部分进行材质转换时，可以结合该建筑的体块关系、立面构成等因素进行组合与安排。不同类型的材质组合在一起，常会收到出人预料的效果（彩图2-4-5）。有时，设计师所用的材质很少，有时只有一至两种，却能以少胜多，形成独特的意蕴（彩图2-4-6）。

2.4.7 建筑造型与细部设计

风景园林建筑要注重细部，不能粗制滥造。建筑细部涉及节点、小型构件、构造做法、工艺等各方面，如饰面的贴砌与划分方式，窗的分格等都是细部设计，框架若没有精致的细部点缀，则无血无肉，呆板无趣。把细部设计同尺度联系起来看，细部是体现亲切尺度的着手点。细部设计时，一定要注意细部与细部之间、细部与整体之间的协调和统一（图2-4-7）。

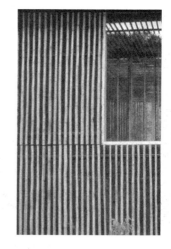

图2-4-7　饰面的细节运用

本章思考题

1. 影响风景园林建筑造型的因素有哪些？
2. 试述风景园林建筑造型需要遵守的形式法则。
3. 中国古典建筑造型由哪三大部分组成？
4. 巴洛克建筑风格具有什么样的特点？
5. 米兰大教堂属于什么风格建筑？有什么特点？
6. 试述朗香教堂的开窗特征及效果。

3 风景园林建筑体量与组合

3.1 风景园林建筑体量组合原则

3.1.1 统一与完整

最伟大的艺术，是把最繁杂的多样变成最高度的统一。多样统一堪称之为形式美的规律，其它原则如对比、韵律、比例、尺度、均衡等则是多样统一在某一方面的体现。要想达到统一可以采用以下手法。

（1）以简单的几何形体求统一

任何简单的、容易认知的几何形状，都具有必然的统一感。古代一些美学家认为简单、肯定的几何形状可以引起人的美感。古代杰出的建筑如埃及的金字塔（图3-1-1）、罗马的斗兽场（图3-1-2）均因采用简单、肯定的几何形状构图而达到了高度完整、统一的境地。近代建筑巨匠勒·柯布西耶也强调："原始的体形是美的体形，因为它能使我们清晰地辨认"。近现代建筑也有利用简单几何形体而获得完整统一的杰出作品，如蒙特利尔世博会美国馆、美国驻雅典大使馆，以及许多大型体育馆建筑。

图3-1-1 埃及金字塔

图3-1-2 罗马斗兽场

（2）主从分明，以陪衬求统一

在一个有机统一的整体中，各组成部分是不能不加区别而一律对待的，应当有主与从的差别，有重点与一般的差别（图3-1-3）。不然的话，各种要素平均分布，同等对待，即使排列的整整齐齐也难免会流于松散单调而失去统一性。如赖特设计的霍利霍克别墅（图3-1-4），两个较小的翼部明显地从属于中间较宽、较高的一块，并且在檐口部分采用相似的构件，而主体部分的构件要比从属部分的构件精致很多。

（3）以协调求统一

通过构件的形状、尺度、比例、色彩、质感和细部处理取得某种联系而求得协调统一。如赖特设计的联合教堂（图3-1-5），在外墙窗口墙采用了比例相同，大小不同的立柱来取得协调统一，并且立柱上采用了相同的细部处理。再如图3-1-6中两个同处于一个校园内的两栋建筑，通过采用相同的材料和色彩取得统一。

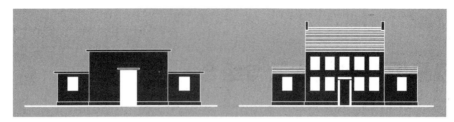

图 3-1-3　次要部位对主要部位的从属

图 3-1-4　霍利霍克别墅

图 3-1-5　联合教堂

图 3-1-6　一个校园内两栋建筑

3.1.2 对比与微差

3.1.2.1 对比

对比是指建筑中某一因素有显著差异时，所形成的不同表现效果称为对比。它可以借彼此之间的烘托陪衬来突出各自的特点以求得变化。没有对比会使人感到单调，过分地强调对比以至失去了相互之间的协调一致性，则可能造成混乱，只有把这两者巧妙地结合在一起，才能达到既有变化又和谐一致，既多样又统一。

在建筑设计领域中——无论是整体还是细部、单体还是群体、内部空间还是外部体形，为了破除单调而求得变化，都离不开对比手法的运用。利用差异性来求得建筑形式的完美统一。主要的手法有：

（1）大小的对比

组成建筑体量的各要素采用形状相似大小不同的体量，借对比而体现主从关系，并在统一中取得变化。如纽约古根海姆博物馆（图3-1-7）采用一个大圆柱一个小圆柱两个体量形成鲜明的对比，并突出了作为展览空间的大圆柱体量。

图3-1-7　纽约古根海姆博物馆

（2）方向的对比

组成建筑体量的各要素，由于长、宽、高之间的比例关系不同，各具一定的方向性，交替地改变各要素的方向，可借对比而求得变化。由内尔维设计的圣玛利亚教堂（图3-1-8），采用了水平与垂直两个方向上的对比，形成了一个较有特色的建筑造型。再如赖特设计的流水别墅（图3-1-9）可以说是利用方向性对比而取得良好体量组合的杰出范例。

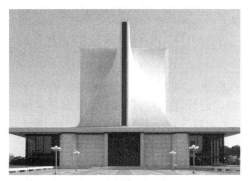

图3-1-8　圣玛利亚教堂

图3-1-9　流水别墅

（3）形状的对比

由不同形状体量组合而成的建筑体形，将可以利用各要素在形状方面的差异性进行对比以求得变化。与方向性的对比相比较，不同形状的对比往往更加引人注目，但如果组织的不好则可能因为互相之间的关系不协调而破坏整体的统一。对于这一类体量组合，必须更加认真地推敲研究各部分体量之间的连接关系。如理查德·迈耶设计的印第安纳州新协和图书馆（图3-1-10）在规整的体块上添加了钢琴曲线，增加了建筑的灵动性。再如他设计的罗马千禧教堂（图3-1-11），其最大的亮点在于三面弧形墙与直墙面的强烈对比。

图3-1-10　印第安纳州新协和图书馆

图3-1-11　罗马千禧教堂

（4）虚与实的对比

在建筑造型中体现为实体与虚体的对比，实体是指占据空间的具体实体形态。虚体可以包括两种情况：一种是指建筑实体实际占有的空间之外、被暗示出来的、由空间张力限定出来的空间；另一种是指由透明材质（如玻璃）限定出来的空间。如贝聿铭先生设计的美国国家美术馆东馆（图3-1-12）和俄亥俄州克利夫兰大厅（图3-1-13）分别运用了这两种虚体与建筑实体形成对比。

图3-1-12　美国国家美术馆东馆

图3-1-13　俄亥俄州克利夫兰大厅

（5）色彩与质感的对比

色彩的对比主要体现在色相之间、明度之间以及纯度之间的差异性；而质感的对比则主要体现在粗细之间、坚柔之间以及纹理之间的差异性。近代建筑巨匠赖特可以说是运用各种材质质感对比而获得杰出成就的。他所设计的"流水别墅"（彩图3-1-14）和"西塔里艾森（彩图3-1-15）"都是运用材料质感对比而取得成就的典范。

（6）光影的对比

建筑在白天和黑夜、艳阳天和阴霾密布，根据光影的不同而呈现不同的面貌，形成对比。因此，许多建筑师都注重建筑光影的设计，柯布西耶认为"建筑是光线下形状正确，绝妙、神奇的游戏。"日本建筑师安藤忠雄非常擅于用光影的变化来丰富建筑造型（图3-1-16）。

图3-1-16　福特沃斯现代美术馆

3.1.2.2　微差

微差是指建筑中某一因素有不显著差异，借相互之间的共同性以求得和谐。对比和微差是相对的，例如图3-1-17一列由小到大连续变化的要素A～H，相邻者之间（如A与B）由于变化甚微，可以保持连续性，则表现为一种微差关系。如果从中抽去若干要素，将会使连续性中断，凡是连续性中断的地方，就会产生引人注目的突变（如A与H），这种突变则表现为一种对比的关系。突变的程度越大，对比就越强烈。如千寻塔（图3-1-18）垂直方向按一定规律重复，但每层又有细微差别，从而形成独特的韵律感。

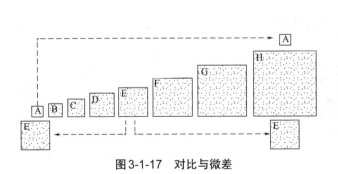

图3-1-17　对比与微差

图3-1-18　千寻塔

3.1.3　均衡与稳定

3.1.3.1　均衡

均衡主要是研究建筑物各部分前后左右的轻重关系，并使其组合起来给人以安定、平稳的感觉；均衡表示形态组合中的形状、方向、位置诸要素之间的关系，都达到了适宜的程度，均衡表现出静态均衡与动态均衡。

（1）静态均衡

静态均衡是指在相对静止条件下的平衡关系，是在建筑造型中被长期和大量运用的普遍形式。这种均衡又可分为对称均衡和非对称均衡。

对称均衡是指画面中心点两边或四周的形态具有相同的状态，从而形成静止的现象。对称的形式自然就是均衡的，加之它本身又体现出一种严格的制约关系，因而具有一种完整统一性。正是基于这一点，人类很早就开始运用这种形式来建造建筑。古今中外有无数著名建筑都是通过对称的形式而获得明显的完整统一性。但是对称的形式有时会带来呆板、沉闷、缺少生气等负面感觉。如维也纳分离派会馆（图3-1-19）和旧金山现代艺术博物馆（图3-1-20）位于均衡中心上的圆球和圆柱进一步强调了均衡中心。

图3-1-19 维也纳分离派会馆　　图3-1-20 旧金山现代艺术博物馆

不对称均衡是将均衡中心偏于建筑的一侧，利用不同体量、材质、色彩、虚实变化等的平衡达到目的。与对称形式的均衡相比较，非对称形式的均衡所取得的视觉效果远为灵活而富于变化，但却不如对称形式庄重。现代建筑经常采用这种均衡手法，创造生动、活泼的建筑形象。建筑大师格罗皮乌斯设计的包豪斯校舍（图3-1-21），就打破古典建筑传统的束缚而采用了非对称的均衡方式，成为现代建筑史上一个重要的里程碑。

要实现不对称均衡，我们需要通过杠杆平衡原理（图3-1-22）作出合乎力学原理的推论。

图3-1-21 包豪斯校舍

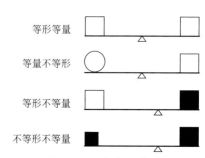

图3-1-22 杠杆平衡原理

① 等量不等形　左右两侧等量而不同形，支点位于中点。
② 等形不等量　左右两侧同形而不等量，支点偏于重的一侧。
③ 不等形不等量　左右两侧不同形又不等量，支点偏于重的一侧。

（2）动态均衡

除静态均衡外，有很多现象时依靠运动来求得平衡的，例如旋转的陀螺、展翅飞翔的鸟、奔驰着的动物、行驶着的自行车等，就是属于这种形式的均衡，一旦运动终止平衡的条件将随之消失，因而人们把这种形式的均衡称之为动态均衡。古典建筑注重从一个方向来考虑建筑的均衡问题，而近现代建筑在处理建筑造型时考虑到人观察建筑过程中的时间因素，强调时间和空间两种因素的相互作用和对人的感觉所产生的巨大影响。许多现代建筑都遵循这种理论，创造出具有强烈动感的、极富特色的建筑形象。例如耶鲁大学冰球馆（图3-1-23）屋顶采用具有运动感的曲线，整体造型好似一条张开口的大鲸鱼，又似伏身于地的海龟，曲线流畅；纽约环球航空公司候机楼（图3-1-24）以象征主义的手法把建筑形体处理成展翅欲飞的鸟，该建筑外观尽管上大下小，但却没有不稳定的感觉，这正式由于它所具有的动态均衡所致。

图3-1-23　耶鲁大学冰球馆

图3-1-24　纽约环球航空公司候机楼

在具体的建筑设计中究竟采取哪一种形式的均衡，则要综合地看建筑物的功能要求、性格特征以及地形、环境等。

3.1.3.2　稳定

稳定指建筑整体上下之间的轻重关系，给人以安全可靠、坚如磐石的效果。西方古典建筑几乎总是把下大上小、下重上轻、下实上虚奉为求得稳定的金科玉律。随着科学技术的进步和人们审美观念的发展变化，人们凭借着最新的技术成就，不仅可以建造出超过百层的摩天大楼，而且还可以把古代奉为金科玉律的稳定原则"下大上小、上轻下重"颠倒过来，从而建造出许多底层透空、上大下小、悬臂凌空的新奇建筑。如巴西尼泰罗伊当代艺术博物馆（图3-1-25），位于一个多岩的海峡上，从海湾的不同角度看都如一个高脚杯立在岩石上，创造了一个轻盈的环境，并可以让建筑里面的人们看到山海的全景。

图3-1-25　巴西尼泰罗伊当代艺术博物馆

3.1.4　韵律与节奏

自然界中许多事物和现象，往往由于有规律的重复出现或有秩序的变化而激发人们的美感，并使人们有意识地加以模仿和运用，从而出现了以具有条理性、重复性、连续性为特征的韵律美。例如音乐、诗歌中所产生的节奏感，某种图案、纹样的连续和重复，都是韵律美的一种表现形式。在建筑造型中适当运用韵律原则，使静态的造型产生微妙的律动效果，既可以建立起一定的秩序，又可以打破沉闷气氛而创造出生动、活跃的环境氛围。

节奏与韵律在建筑造型中体现为连续变化的规律，是使大体上并不相连贯的感受获得规律化的最可靠的方法之一。表现在建筑中的韵律与节奏可以有以下几种类型。

① 连续的韵律 以一种或几种组合要素连续安排，各要素之间保持恒定的距离，可以连续地延长等，是这种韵律的主要特征。建筑装饰中的带形图案，墙面的开窗处理，均可运用这种韵律获得连续性和节奏感。如雅玛萨基设计的世贸中心（图3-1-26），外墙面重复排列的密柱从9层以下三根柱合为一根，合并处设计成尖拱形，呈现出典雅的设计风格。

② 渐变的韵律 重复出现的组合要素在某一方面有规律地逐渐变化，例如加长或缩短，变宽或变窄，变密或变疏，变浓或变淡等，便形成渐变的韵律。如赖特设计的Marin县政府中心（图3-1-27），墙面的拱形开口由下至上逐层变小，这一简单的变化形成了优美的建筑立面。

图3-1-26 世贸中心

图3-1-27 Marin县政府中心

③ 交错的韵律 两种以上的组合要素互相交织穿插，一隐一显，便形成交错韵律。简单的交错韵律由两种组合要素作纵横两向的交织、穿插构成；复杂的交错韵律则由三个或更多要素作多向交织、穿插构成。如路易·康设计的罗彻斯特第一基督教教堂（图3-1-28），凸出与凹入的墙面交错出现，形成特别的造型效果。

④ 起伏的韵律 保持连续变化的要素时起时伏，具有明显起伏变化的特征而形成的某种韵律感。如悉尼歌剧院（图3-1-29），如同贝壳的体块重复出现，大小随造型需要变化，呈现起伏变化的韵律。

图3-1-28 罗彻斯特第一基督教教堂

图3-1-29 悉尼歌剧院

3.1.5 比例与尺度

建筑物的整体和局部、局部和局部的比例和尺度关系，对于获得良好的建筑造型至关重要。

3.1.5.1　比例

比例是指建筑物各部分之间在大小、高低、长短、宽窄等数学上的关系，和谐的比例可以引起人的美感。从古至今，曾有许多人不惜耗费巨大的精力去探索构成良好比例的因素，所得出的结论却是众说纷纭。

（1）黄金比

古希腊的毕达哥拉斯学派认为，万物最基本的因素是数，数的原则统治着宇宙中的一切现象，著名的"黄金分割"就是由这个学派提出来的。他们经过长期的研究、探索、比较，终于发现长方形这种最常见的形状，当其长宽比例是1∶1.618时最为理想，这就是著名的"黄金分割"，亦称"黄金比"（详见本书第4章4.2.2.2节内容）。

现代建筑师勒·柯布西耶曾把比例和人体尺度结合在一起，并提出一种独特的"模数"体系。他将人体的各部分尺寸进行比较，所得到的数值均接近黄金比，据此不断地黄金分割而得到两个系列的数字作为尺寸，用这些尺寸来划分网格，这样就可以形成一系列不同的矩形。由于这些矩形都因黄金分割而保持着一定的制约关系，因而相互间必然包含着和谐的因素。

黄金比被广泛的运用于建筑造型中，如建筑各体块的长、宽、高的比例，立面造型和立面开窗的比例等，都取得了良好的效果。

（2）简单几何形体

具有确定数量之间制约关系的几何图形可以用来当做判断比例关系的标准和尺度。西方古典建筑常用几何关系的制约性来分析建筑的比例，具有确定比例关系的圆、正三角形、正方形以及1∶$\sqrt{2}$ 的长方形通常被用来用为分析建筑比例的一种楷模。许多研究者研究了一些历史上某些著名建筑后，认为建筑物的整体，特别是它的外轮廓线以及内部各主要分割线的控制点，凡是符合于圆、正三角形、正方形等具有简单而又肯定比例的几何图形，就可以由于具有几何制约关系而产生完整、统一、和谐的效果（图3-1-30）。

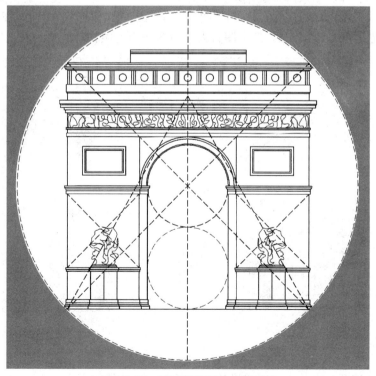

图3-1-30　巴黎凯旋门的几何分析

（3）相似形

要素之间若呈相似形即可获得和谐的效果，这分别表现为它们的对角线或者相互平行，或者相互垂直。利用这种方法来调节门窗与墙面、局部与整体之间的比例关系，常常能够收到良好的效果（图3-1-31）。

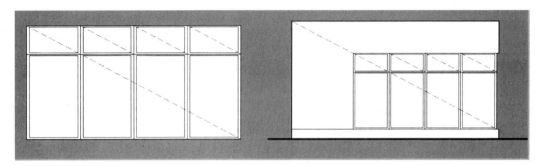

图3-1-31　门窗与墙面相似形分析

3.1.5.2　尺度

尺度则是指建筑物的整体或局部给人感觉的大小印象和其真实大小之间的关系问题。比例主要表现为各部分数量关系之比，是相对的，可不涉及具体尺寸。尺度则不然，它却要涉及真实大小和尺寸，因此相同比例的某建筑局部或整体，在尺度上可以不同。

尺度指的是建筑物的整体或局部与人之间在度量上的制约关系，这两者如果统一，建筑形象就可以正确反映出建筑物的真实大小，如果不统一，建筑形象就会歪曲建筑物的真实大小。建筑中有一些要素如栏杆、扶手、踏步、坐凳等，与人体尺度关系极为密切，一般来说，为适应其功能要求，这些要素基本都保持恒定不变的大小和高度。另外，某些定型的材料和构件，如砖、瓦、滴水等，其基本尺寸也是不变的。以这些不变的要素为参照物，将有助于获得正确的尺度感。如图3-1-32（a）图为一个抽象的几何形状，只有实际的大小而无所谓尺度感的问题，（b）（c）、（d）三个图有人和窗户作为参照物，能得到其尺度感。

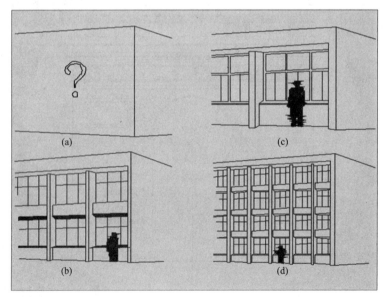

图3-1-32　窗户可以表明建筑的尺度

在实际的建筑项目中，人们很难准确地判断建筑物体量的真实大小。通常只能依靠组成建筑的各种构件来估量整体的大小，如果这些构件本身的尺寸超越常规（人们习以为常的大小），就会造成错觉，而凭借这种印象去估量整体，对建筑真实大小判断就难以准确了。一般说来，建筑师总是力图使观赏者所得到的印象同建筑物的真实大小一致，但对于某些特殊类型的建筑如纪念性建筑（图3-1-33），则往往通过尺度处理，给人以崇高的尺度感。对于庭园建筑（图3-1-34），则希望使人感到小巧玲珑，产生一种亲切的尺度感。这两种情况，虽然产生的感觉同真实尺度之间不尽吻合，但为了实现某种艺术意图是被允许的。

图3-1-33　中山陵

图3-1-34　庭园建筑

3.1.6　主从与重点

在由若干要素组成的整体中，各组成部分必须有所区别，因为每一要素在整体中所占的比重和所处的地位，将会影响到整体的统一性。如果不加区别而一律对待，难免会流于松散、单调而失去统一性。因此，对于组成建筑体量的各要素不应平均对待、各自为政，而应当有主次之分，有重点与一般的差别。

区别主从关系的途径有：

（1）组织好空间序列，将主要空间安排在主要轴线上

通过建筑空间布局上的处理，可以将主体部分与从属部分有效地区分开来。运用轴线的处理突出主体，以低衬高突出主体，利用形象变化突出主体。例如采用对称的布局，把主体空间置于中轴线上，把从属空间置于两侧，呈一主两从的关系。主体空间位于中央，不仅地位突出，而且可以借助两翼从属部分的对比、衬托，形成主从关系异常分明的有机统一整体（图3-1-35）。

图3-1-35　中国传统建筑空间及形态的组织

（2）采用重点强调的方法

重点强调是指有意加强整体中的某个部分，使其在整体中显得特别突出，其他部分则相应地变得次要，从而达到区分主从关系的目的。重点强调的效果其实产生于对比的作用，主体部分越强，从属部分越弱，而从属部分越弱，主体部分也越强。通过很多方法都可以起到重点强调的作用，如加大主体的体量、增加主体的高度、突出主体的造型、或将主体部分施以与背景色相对比的色彩等以构成趣味中心。在一些采用对称构图的古典建筑中，对此作了明确的处理，如图3-1-36是帕拉第奥设计的圆厅别墅。

图3-1-36　圆厅别墅

重点是指视线停留中心，为了强调某一方面，常常选择其中某一部分，运用一定建筑手法，对一定的建筑构件进行比较细致的艺术加工。在建筑设计中，重点处理主要运用在：

① 重点处理表现建筑功能和空间的主要部分，如建筑的主入口、主要大厅和主要楼梯等。如迈耶设计的高级艺术博物馆（图3-1-37），重点装饰了建筑入口部分，与旁边空白的墙面形成鲜明的对比。

② 重点处理表现建筑构图的关键部分，如主要体量、体量的转折处及视线易于停留的焦点（图3-1-38）。

③ 利用重点处理来打破单调，加强变化来取得一定的装饰效果（图3-1-39）。

图3-1-37　高级艺术博物馆

图3-1-38　某公共建筑

图 3-1-39　James A.Baker Ⅲ Hall

3.2　构成风景园林建筑的基本形体

　　构成风景园林建筑的基本形体是规则的几何体。风景园林建筑的体量可以由一种简单的几何形体构成，也可以由几种几何形体组合而成。规则的几何体其特点是单纯、精确、完整、富有逻辑性。它们各自具有明显的不同的视觉表情和强烈的表现力，容易使人感知和理解，常被建筑师直接采用。风景园林建筑中常用的基本形体有：棱柱、棱锥、圆锥、圆球、圆柱、圆环等。

3.2.1　基本形体
3.2.1.1　立方体和长方体

　　方形是规则的典范，垂直的转角决定其严整、规则、肯定的性格和便于实施和使用的特点。立方体是一种静止的形式，体积感明确，有平易、坚定之感，但缺乏明显的运动感和方向性。

　　方形的长宽高比例可变性强，是建筑形体中最常见的形式。正六面体各方向均衡，具有庄重严谨的静态感，水平长方体给人以舒展感，而垂直长方体则表现出强烈的上升感（图3-2-1）。

立方体

浙江大学宁波理工学院图书馆

纽约西格拉姆大厦

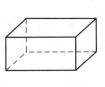
长方体

北京国家游泳中心

图 3-2-1　立方体和长方体

3.2.1.2 棱锥与棱台

棱锥与圆锥都有一个底面和一个顶点，都是非常稳定的形态。倒立的四棱锥处于不稳定的状态，视觉感觉截然不同。棱锥形空间有强烈的上升感。

四棱锥在视觉上以三角形作为建筑主题，其代表作是埃及金字塔。四棱锥与球体一样具有极强的完美性，贝聿铭在卢浮宫美术馆的庭院中采用了玻璃的四棱锥，与周围的法国文艺复兴和巴洛克形式的建筑群形成了对比效果。

棱台是棱锥的下半部分，正置时有很强的稳定感，顶面与底面都是水平面的棱台倒置，并不失去视觉上的稳定和平衡（图3-2-2）。

棱锥

法国巴黎卢浮宫扩建

棱台

印第安纳波利斯社团人寿保险公司总部

图3-2-2　棱锥与棱台

3.2.1.3 圆锥与圆台

圆锥的表达形式比较柔和，以其简洁的几何形体，创造出独特的造型效果。当它的顶点向下直立时，呈现不稳定的状态。和棱台相似，倒置的圆台在底面和顶面是水平面时，仍处于较稳定的状态（图3-2-3）。

3.2.1.4 圆柱与圆拱

圆柱体造型简明而清晰，是建筑中比较常用的一种形体。圆柱体建筑给人一种简洁美，容易为人所识别，若处理得法，易成为充满雕塑感的标志性建筑。垂直放置的圆柱形空间有向心性和团聚感，倒放的圆柱形成拱形空间，有沿轴线聚集的内向性（图3-2-4）。

3.2.1.5 圆球与椭圆球

在所有形体中圆球体是最简洁的，表现出基本几何形体的坦率和纯粹。圆球体是具有向心性和高度集中性的形体，像它的原生形式圆一样，通常呈稳定状态，在所处的环境中可产生中心感（图3-2-5）。

圆锥　　　　　　圆台

日本东京千年塔　　　　　　　上海崇明自行车博物馆设计

图 3-2-3　圆锥与圆台

金贝尔艺术博物馆　　　　　　　　　　　　麻省理工学院小教堂

图 3-2-4　圆柱与圆拱

圆球　　　　　椭圆球

中国国家大剧院　　　　　　蒙特利尔世博会美国馆

图 3-2-5　圆球与椭圆球

3.2.2 基本形体的重塑

实践显示，由于建筑自身工程技术的物质特性的局限，建筑造型形态大多采用简单、规则而易行的几何形体。但是，从建筑造型的艺术属性考虑，通常需要对简单规则的几何形体进行必要的艺术加工，以求打破几何形体产生的过于单调和刻板的感受，使其能变得更加丰富多彩，并能创造出千姿百态的造型效果。

3.2.2.1 单一形体的重塑

单一基本形体的变形，包括形体的增加、削减、膨胀、收缩、分裂、旋转、扭曲、倾斜等（图3-2-6）。

增加　　　　　削减　　　　　膨胀　　　　　收缩

分裂　　　　　旋转　　　　　扭曲　　　　　倾斜

图3-2-6　基本形体的重塑

（1）增加

保持基本造型在基本形体上增加某些附加形体，附加体应处于从属地位。但要控制附加形体的规模，过多及过大的附加体会影响基本形体的性质。如北京首都博物馆（图3-2-7），就是在一个长方体的形体上增加一个圆柱体的附加形体，使这个建筑造型统一中带有变化。

图3-2-7　北京首都博物馆

（2）削减

局部削减，在基本形体上切削或抠挖一部分，以求得几何形体在保持原有整体几何特征的条件下，变得更富有层次感和惊喜感。运用削减法重塑改造的几何形体，仍具有较强的体量感，造型较显厚重与稳定，适用于表现庄重、坚固和严肃的性格。如马里奥·博塔设计的兰希拉1号楼（图3-2-8）和贝希特勒现代艺术博物馆（图3-2-9）的造型都是以简单的立方体为基本形体，运用直线的多种切削和抠挖而生成的富有雕塑感的形体造型。然而过多削减边棱和角部，会使原形转化为其它形体。在运用削减法造型时，可根据需要进行不同程度的削减，使形体保持其最初的特征，或者变成另一种形式。

图3-2-8　兰希拉1号楼

图3-2-9　贝希特勒现代艺术博物馆

削减法要遵循实、整、纯、净的四个要点：

实——建筑的实体部分要占优势，挖掉的部分要少，以保持原有形式的特有风格和特征。切忌因过多的削减而失掉其原来的性格；

整——削减的部分要相对集中，不宜过于分散，分散会削弱整体构图的清晰效果，另外也会使大的构图关系因失去对比而导致章法紊乱，形象模糊；

纯——尽量避免另添加上去的东西，否则就会因手段繁杂而改变它的特定体系，使之不伦不类；

净——不要求过多的质感变化和色彩处理，具有雕塑造型美的特点。

（3）膨胀

基本形体在各个方向或某些方向向外鼓出，使边棱、外表面成为曲线和曲面，使规则的几何体具有弹性和生长感。如武汉杂技厅主厅设计为圆形，其造型犹如一朵含苞待放的菊花，象征着杂技艺术的绚丽多姿（图3-2-10）。再如考夫曼表演艺术中心，建筑是由一条条包裹了不锈钢的拱形墙壁累积向上砌成的，看起来像一片片波浪，从地面一直涌向屋顶（图3-2-11）。

图3-2-10　武汉杂技厅

图3-2-11　考夫曼表演艺术中心

（4）收缩

形体垂直面沿高度渐次后退，使体量逐渐减小的变化。反之也可以自上而下收缩，造成形体上大下小，产生倒置感。如贝聿铭先生设计的台湾东海大学路思义教堂（图3-2-12）和齐康先生设计的河南博物馆（图3-2-13）。

图3-2-12　台湾东海大学路思义教堂　　　　图3-2-13　河南博物馆

（5）分裂

基本形体被切割后进行分离，形成不同部分的对立，产生相互吸引。可使形体完全分开，也可局部分裂，但应保持整体统一性和完整感。如美国华盛顿国家美术馆东馆（图3-2-14）的造型，是将与基地形状相似的梯形体块适当进行整体分割后，重塑主要形体而创造的建筑造型杰作。再如"里普利信不信由你"博物馆（图3-2-15）造型故意模仿楼身遭遇地震后发生断裂的样子，目的是为了纪念发生在1812年的一次大地震。

图3-2-14　美国华盛顿国家美术馆东馆模型　　图3-2-15　"里普利信不信由你"博物馆

（6）旋转

形体依一定方向旋转，一般在水平方向旋转的同时，也可作垂直方向的上升运动，使之产生强烈的动态和生长感。如坐落在迪拜的72层的螺旋形摩天楼，名为"无限塔"（Infinity Tower，图3-2-16），在上升过程中旋转90度，与它的基础保持垂直状态。再如赖特设计的纽约古根海姆博物馆（图3-1-7），采用了三向度的螺旋形的结构，建筑物的外部向上、向外螺旋上升，形成了独特的建筑造型及内部空间。

（7）扭曲

基本形体在整体或局部上进行扭转或弯曲，使平直刚硬的几何形体具有柔和、流动感。包括顶面和侧面的扭曲。如法兰克·盖里设计的阿斯泰尔·罗杰斯大楼（图3-2-17），该建筑造型充满曲线韵律，蜿蜒扭转的双塔就像是两个人相拥而舞，因此被称为"跳舞的房子"——左边是玻璃帷幔外观的"女舞者"，上窄下宽像舞裙的样子，右边圆柱状的则是"男舞者"。

图 3-2-16　无限塔

图 3-2-17　阿斯泰尔·罗杰斯大楼

（8）倾斜

形体的垂直面与基准面（地面）成一定角度的倾斜，也可使部分边棱或侧面倾斜，造成某种动势人，但仍应保持整体的稳定感。例如位于台湾宜兰县的兰阳博物馆（图3-2-18），建筑倾斜着插入水中，其造型是以头城镇北关海岸一带常见的地貌特征单面山为基础设计的。

(a) 外观　　　　　　　　　　　　　(b) 室内

图3-2-18　兰阳博物馆

3.2.2.2　多个形体的重塑

多个基本形体的变形，包括形体的重复、近似、渐变、特异等（图3-2-19）。

重复　　　　　　　近似　　　　　　　渐变　　　　　　　特异

图3-2-19　多个形体的重塑

（1）重复

采取以某种基本形体反复出现的方式表现形体间同一性和秩序感，从而取得整体和谐统一的视觉效果的手法。根据重复数量的不同可形成二元并蒂、三足鼎立、四厢对峙等视觉效果。不同地域的人对数会有不同的约定俗称的习惯，通常的认识是二对称、三形成主次、四多量、五成群。如马里奥·博塔设计的辛巴利斯塔犹太教堂（图3-2-20），由两个箕形圆锥组成，形成中轴对称的形态；北京银泰中心（图3-2-21）主楼由极致尊贵的精品型酒店北京柏悦酒店和现代豪华公寓柏悦居和专属府邸式公寓柏悦府组成，三栋方形高塔品字矗立，呈鼎足之势；法国国家图书馆（图3-2-22），它以四幢直插云霄相向而立形如打开的书本似的钢化玻璃结构的大厦为主体，四座大厦之间由一块足有八个足球场大的木地板广场相连。中央是一片苍翠茂盛的树林，围绕着这片浓密的树林是它的两层阅览室；皮阿诺设计的奇巴欧文化中心（图2-3-23）是由10个"容器"组成一个村落空间，它们沿着半岛微曲的廊道一字排开，形成3个不同功能的村落。

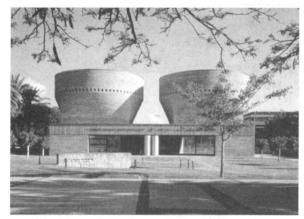

图3-2-20　辛巴利斯塔犹太教堂

图3-2-21　北京银泰中心

图3-2-22　法国国家图书馆

（2）近似

参与组合的基本形体在视觉特征上彼此相似，但在其形态构成要素上（大小、方向、色彩、和质感、肌理等）仍可保留一定差异，将此种形体按一定秩序、依次重复，可以表现出具有整体连续性和韵律感特点的造型效果。如澳大利亚悉尼歌剧院（图3-1-29），是由多个大小不同，形态略有不同的类似贝壳的形体构成的。

（3）渐变

参与组合的基本形体在形状、大小、排列方向上作有规律、有节奏的变化，形成具有一定级差性形体组合关系，可使整体造型在视觉上形成强烈的韵律感。如德国奥尔夫斯贝格文化中心（图3-2-23），五个近似矩形的会议室和讲堂面向市政厅的广场逐渐从小到大沿着扇形依次展开，形成不断起伏的韵律。

图3-2-23　德国奥尔夫斯贝格文化中心

（4）特异

在基本形体作规律性的重复中仅以个别形体或形态要素突破既有规律，在形体的大小、方位、质感、色彩等方面作出明显的改变，从而形成视觉的焦点，借以打破过于规则、单调和刻板，以取得出其不意的造型效果。如旧金山现代艺术博物馆（图3-1-20），在立方体体块中间插入了一个倾斜的圆柱体，并且用白黑条纹加以强调。

3.3　风景园林建筑体量组合方式

3.3.1　体量的联系与交接

建筑造型经常并非采用单一的几何形体。当造型由两个或两个以上基本形体组合形成一个较复杂的组合形体时，必然需要妥善处理形体之间的空间组合关系，以利确保造型整体的完整性、形式的肯定性、空间的层次性和主题的易识别性。通常组合形体可采用以下四种联系方式来处理体量之间的关系（图3-3-1）。

分离　　　　　　接触　　　　　　相交　　　　　　连接

图3-3-1　体量之间的关系

3.3.1.1 分离

视觉特征相似（如形状、材料或色彩等）的形体组合时，可采取让形体间保持一定空间距离的构成方式，同时可让形体在方位和相对关系上作一定变化，如采取平行、倒置、反转对称等变化手法。应该注意，各组成形体间的距离不宜过大，以免削弱相互间的构图联系。如长城脚下公社的双兄弟（图3-3-2），双兄弟分为主楼和附楼。主楼的入口位于一个缓缓升起的石头小径的尽头，而附楼则位于左侧稍高的地面上。主楼设有卧室、客厅和书房，附楼设有餐厅和厨房。

图3-3-2 双兄弟

3.3.1.2 接触

组成形体间仍保持各自固有的视觉特征，视觉上连续的强弱取决于接触方式。其中面接触的连续性最强，先接触和点接触连续性依次减弱。

① 边与边的接触——这类关系要求两种形式要有共同边缘，并能绕着那个边缘旋转

② 面与面的接触——这类关系要求两种形式有彼此平行的平坦表面

如挪威国家石油公司办事处（图3-3-3），该建筑由5个类似的长方体模块组成，这些模块每个高三层，长140m，宽23m，模块彼此交错堆叠，形成中庭和各种灰空间。

3.3.1.3 相交（咬合）

组成形体间不要求有视觉上的共同性，可为同形、近似形也可为对比形，两者的关系可为插入、咬合、贯穿、回转、叠加等。如菲利普约翰逊设计的玻璃住宅（图3-3-4），一个圆柱体插入都立方体内，形成鲜明的对比。

图3-3-3 挪威国家石油公司办事处

图3-3-4 玻璃住宅

3.3.1.4 连接

当组成形体间不便相互咬合的足额和关系时，可采取插入连接体的构成方式，将有一定空间距离的形体连为整体。连接体作为主要形体间的过渡性形体，在体量上应保持处于相对弱小的地位，以利突出主体造型的表现效果。如吉隆坡的双子塔（图3-3-5），两座塔楼一模一样，一座是马来西亚国家石油公司办公用，另一座是出租的写字楼。在第40～41层之间有一座天桥，方便楼与楼之间来往。天桥长58.4m，距地面170m。

3.3.2 多体量组合方式

由于建筑功能、规模和地段条件等因素的影响，很多建筑物不是由单一的体量组成，往往是由若干个不同体量组成较复杂的组合体型，并且在外形生有大小不同、前后凹凸、高低

错落等变化。

图3-3-5 双子塔

  多元形体可组和成不同表现力的群体形象，使人产生不同的视觉——心理感受。同时，也可采用暗示和隐喻的手法，使形体构成不仅有鲜明的个性，也可给人以丰富的联想。

3.3.2.1 集中式

  不同形体围绕占主导地位的中央母体而构成，表现出强烈的向心性。中央母体多为规整的几何形；周围的次要形体的形状、大小可以相同也可彼此不同，集中式体形可为独立单体，或在场所中的控制点，为一范围之中心。如新德里巴哈伊礼拜堂（图3-3-6），其形体如盛开的花朵那样迷人。

3.3.2.2 串联式

  多个形体沿一定方向按现状重复延伸构成。各形体可为完全重复的相同单元体，也可为近似形体或不同形体。构成之线型可为直线、折线、曲线等。除平面线式外，也可沿垂直方向构成塔式形体。如鹿特丹树形住宅（图3-3-7）中重复的倾斜的立方体。

图3-3-6 新德里巴哈伊礼拜堂

图3-3-7 鹿特丹树形住宅

3.3.2.3 放射式

核心部分向不同方向延伸发展构成,是集中式与线式的复合构成。核心部分可为突出的形体作为功能性或象征性的中心。也可突出线性部分的体量,而核心部分成为虚体(外部空间)。线性部分可呈规则式,也可呈非规则式放射。如路易·康的孟加拉国达卡国民议会厅(图3-3-8),不同的形体向中心聚集,体现了国民议会的内在含义。

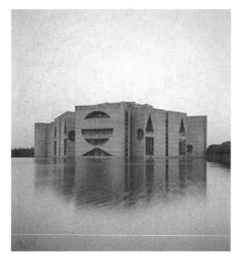

图3-3-8　孟加拉国达卡国民议会厅

3.3.2.4 框格式

由结构自身要素构成有规则的框架单元,常以立方体为基础,构成无方向性、无等级差别的中性框格,根据功能和审美要求,可将任何数量的形体组织在其系统内,形成视觉上统一的整体。如凡·艾克设计的阿姆斯特丹儿童之家,这个方案借助了大量相同的预应力轻质混凝土的方形薄壳拱,组成像细胞一样易于生长变化的空间(图3-3-9)。

3.3.2.5 垒积式

基本形体密集地在水平、垂直方向聚集在一起,构成紧凑、重叠的整体。它无明显的组合中心,也无明确的主从关系,具有不规则的重复感。均衡与稳定为其重要条件。可分为定向垒积:各形体趋于某中心点或中心线集结。无定向垒积:各形体在各向按需要自由集结。如黑川纪章在日本东京中银舱体楼中主张以过渡空间,中间领域来连接各单元,使之成为生活主轴(图3-3-10)。

图3-3-9　荷兰阿姆斯特丹儿童之家　　　　图3-3-10　日本东京中银舱体楼

3.3.2.6 组团式

依据各形体在尺寸、形状、朝向等方面具有相同视觉特征，或者具有类似的功能、共同的轴线等因素而建立起来的紧密联系所构成的群体。它不强调主次等级、几何规则性及整体的内向性，可以构成灵活多变的群体关系。如纽约林肯表演艺术中心，全部建筑由大都会歌剧院、纽约州立剧场、爱乐音乐厅、维维恩·彼欧蒙特剧场、演出艺术图书博物馆、朱丽亚艺术学校及露天舞台等组成，是汇集了剧院歌剧院、音乐厅、室外音乐厅的纽约文化中心（图3-3-11）。

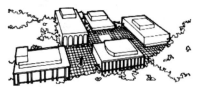

图 3-3-11　美国纽约林肯表演艺术中心

3.3.2.7 轴线式

轴线的本质虽不可见，但具有长度和方向性，它既暗示对称，又要求均衡。在多元形体构成中具有组织形体，引导视线的强烈作用，是支配、控制全局的重要手段。构成中可根据不同情况采用单轴线、平行轴线、垂直轴线、倾斜轴线等。如北京四合院（图3-3-12）。

3.3.2.8 自由式

散点式的自由布局形态并无一定的几何规律，常依功能关系或道路骨架联系各个形体，构成既富于空间变化，又不失整体感的有机群体。在功能复杂而密度较低的公共建筑群或地形变化较大的居住建筑群众常被采用。如盖里设计的维特拉家具设计博物馆（图3-3-13），异常扭曲的形体在此自由组合。

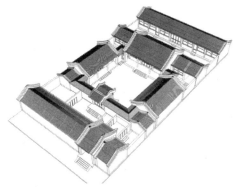

图 3-3-12　北京四合院　　　　图 3-3-13　维特拉家具设计博物馆

无论哪一种形式的体型组合都首先要遵循构图法则，做到主从分明、比例恰当、交接明确、布局均衡、整体稳定、群体组合、协调统一。此外，体量组合还应适应基地地形环境和建筑规划的群体布置，使建筑与周围环境紧密地结合在一起。

本章思考题

1. 风景园林建筑体量组合的原则是什么？

2. 风景园林建筑体量组合想要达到统一可采用的手法有哪些？

3. 对比与微差的区别？

4. 风景园林建筑单一形体重塑的方式有哪些？

5. 风景园林建筑体量之间的联系与交接方式有哪些？

6. 风景园林建筑多体量组合的方式有哪些？

4 风景园林建筑立面设计

4.1 风景园林建筑立面设计概述

4.1.1 风景园林建筑立面的含义

风景园林建筑外立面，指的是风景园林建筑和建筑的外部空间直接接触的界面以及其展现出来的形象和构成的方式，或是风景园林建筑内外空间界面处的构件及其组合方式的统称。一般情况下，风景园林建筑外立面包括除屋顶外建筑所有外围护部分，在某些特定情况下，如特定几何形体造型的建筑屋顶与墙体表现出很强的连续性并难以区分，或为了特定风景园林建筑观察角度的需要将屋顶作为建筑的"第五立面"来处理时，也可以将屋顶作为风景园林建筑外立面的组成部分。

4.1.2 风景园林建筑立面设计的直观意义

或许大多数人都有过这样一种感受：当我们到一个新的城市，站在城市中心广场或者街道上环顾四周时，城市给我们最直观的印象就是建筑的立面外观。风景园林建筑外立面以其色彩、质感、信息等内容成为我们关注的焦点。例如图4-1-1所示的纽约城市的风景园林建筑立面外观以其展现出来的高科技和现代感让人为之赞叹，而巴黎城市的风景园林建筑立面外观则以其精美的装饰艺术让人为之感慨。一个城市风景园林建筑外观的整体形象是体现城市风貌最为直观的方式，因此，风景园林建筑立面的设计就显得尤为重要。

图4-1-1 纽约（左）与巴黎（右）的城市建筑

自古以来，人们就十分重视建筑物的外立面设计，许多地方用墙体材料本身的色彩显示美感，我国古老的青色磨砖对缝，材料的本色就起到了良好的装饰效果（图4-1-2）。北京的故宫、天坛和颐和园的古建筑以金碧辉煌、色彩瑰丽著称于世，各种色彩的琉璃瓦、金箔等建筑材料把中国古典建筑立面装饰得绚丽而壮观。到了近代，水泥、混凝土墙体材料的广泛应用，特别是现代主义建筑运动以后，大批方盒子式高层建筑的涌现，使人们对千篇一律的水泥灰色材料逐渐产生厌倦感。人们对风景园林建筑的要求，除了功能合理、与环境协调、结构形体新颖大方外，更希望风景园林建筑立面丰富多彩，以此来改造城市的空间环境，这便给设计师提出了新的任务。随着经济的发展，风景园林建筑外立面设计在改善居住环境、美化城市等方面的作用日益为人们所重视。

图 4-1-2　青砖墙面

4.1.3　风景园林建筑立面设计的原则

4.1.3.1　时代性原则

设计的时代性原则，不是片面的、单向的。它包含两个层次：首先，要立足于时代，既要从时尚中寻求灵感，又要超越时尚把握住内在的本质；其次，经典和传统是时代性之根，风景园林建筑外立面设计离不开经典和传统的作用。一方面是对经典永恒价值有选择的借鉴；另一方面是对传统内在精神有目的的传承。

4.1.3.2　地域性原则

地域性原则是一种开放的态度。如张钦楠在文章《建立中国特色筑理论体系》中的论述，"一个民族或地域的建筑特色，来源于本国本地建设资源的最佳利用。这里所说的建设资源，是广义的自然资源和人文的资源。"自然资源，如地形、光线、风和气候等；人文资源，如种族、身份、历史、风俗以及构造方法等。风景园林建筑外立面设计应该在尊重地方自然资源与人文资源的基础上进行设计，才能体现地域特色和文化，使人们在情感上得到一种认同和归属。

4.1.3.3　大众性原则

风景园林建筑立面设计的大众性原则，包含两个层次：第一，风景园林建筑外立面设计不应是设计师个性化的体现和实验性的产物，而是综合社会、经济、技术、文化、美学等诸多因素的设计；第二，风景园林建筑外立面设计应该注意到人们的生活经验和审美习惯，创造出能够为广大群众所理解和认同的装饰，做到"雅俗共赏"。

4.1.3.4　经济性原则

经济性原则要求风景园林建筑外立面的设计应有准确的定位。由于风景园林建筑外立面设计可以用作表达财富和经济地位的象征，很容易导致不顾风景园林建筑装饰的艺术性而将各种豪华材料堆砌起来，成为实现城市"形象工程"的手段。从经济性原则出发的风景园林建筑外立面设计，既不是盲目地追求豪华气派，也不是不顾场合地降低标准，而是本着节约和控制的原则，根据风景园林建筑的性质、周围的环境、社会的经济和技术条件等因素理性地确定风景园林建筑外立面设计的定位。

4.2　风景园林建筑立面设计的美学因素

每一个风景园林建筑都应该有自己的风格特征，而不是所有的风景园林建筑在形式上趋于雷同。正如雷纳·班纳姆所说："建筑是一种必不可少的视觉艺术。无论承认与否，这是一个文化历史性事实，建筑师受到视觉形象的训练与影响。"

风景园林建筑立面设计的艺术形式，在设计的实践过程中遵循着很多形式美规律，如统一变化、均衡稳定、节奏韵律、比例尺度等，这些视觉方面的规律影响着立面的形式。

4.2.1　视觉原理

视觉是人们感觉中最发达的感觉。在人们所得到的各种信息中，大约有80％的信息是由视觉得来的，掌握视觉的器官是眼睛。

眼睛的视觉原理是：从光源发生的光或由物体反射的光，从眼睛的角膜、瞳孔进入眼球，穿过如放大镜的水晶体，使光线聚集在眼底的视网膜上，形成清晰的图像。图像刺激视网膜上的感光细胞，产生神经冲动，沿着神经传到大脑的视觉中枢，并在视觉中枢中进行分析和整理，继而产生具有形状、大小、明暗、色彩和运动的感觉。

由于人的视觉范围很广，故本节所介绍的视觉原理，主要是关于物体的"形"的视知觉和视错觉问题。至于色彩的视觉问题在后面的有关章节中会涉及，在此不再赘述。

4.2.1.1　视觉的概念

视知觉，是将视觉感知的资料与其他感觉和过去经验中的有关信息进行比较与辨认，从而确定其所包含的信息内容的过程。它不是一个对于光线和图像的被动反应过程，而是由大脑指挥和说明的一个积极地反应、寻求信息的过程。

现代心理学家研究认为，视知觉包括属性分类、预测和感情三个方面。属性分类，就是将视觉感知的资料与先前的经验相联系，划分资料的类别；接着预测发生作用，选择什么作为知觉所注意的下一个目标，并引起人们快乐或者悲伤等方面情感上的反应。如果一个环境能引起情感上的积极反应，那么这个环境就是亲切的、有吸引力的或是令人愉快的；反之，如果一个环境给人带来的是情感上的消极反应，那么这个环境就是不亲切的、难看的或者令人不愉快的。

在风景园林建筑立面设计中，一个视觉环境设计的成功与否，直接取决于对环境情况处理得好不好，是否能始终保证使用者产生肯定的预测。

4.2.1.2　视错觉

人靠视觉能够得到空间和物体的知觉要素，就是色彩、形状和明度。色彩是根据物体所特有的色和背景色对比来知觉物的实际色和空间的实际色。形状是用两眼测量物和空间的宽度、进度、高度来知觉形状和大小。在实际观察物时，由于环境条件的不同以及某些光、形、色等因素的干扰，再加上生理上的、心理上的原因，往往会造成人对物的形状、色彩、明度等方面的错误判断，这也就是视错觉。视错觉是普遍存在的，也是无法避免的。由于视错觉可能会对事物做出错误的判断，因此常常把视错觉作为一种艺术处理的重要手法而应用于风景园林建筑设计中。

4.2.1.3　视错觉的常见类型及其影响

（1）几何形错觉及影响

① 高度与宽度　视觉的移动总是从水平到垂直，垂直方向比水平方向更具引人注目的戏剧性，并且人的视野上下垂直方向较窄，而左右水平方向较宽。因此，人们在观察尺度较大的物体时，尽管这个物体的高度和宽度是一样的，但是总感觉到高度要比宽度大一些。在观察线段的长度时，也会发生这种现象，如图4-2-1所示。

另外，人们在对宽度进行判断时，也发生类似现象。如图4-2-2中的左右两组短横线的长度是相等的，并且短横线的数量也一样多，但给人的感觉是左面一组短横线比右边一组的短横线要长一些。这是因为，人们在观察这两组短横线时，无形中将左右两组短横线以宽度作为标准了。这就是几何学上著名的卡瓦列里定律的图解，因形似"烟斗"，故又称"烟斗错觉"。

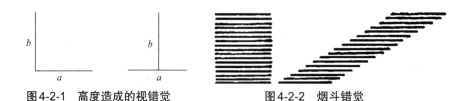

图4-2-1　高度造成的视错觉　　　　　　图4-2-2　烟斗错觉

　　两幢同样高的建筑，一幢建筑上利用垂直线条来划分和装饰建筑，另一幢建筑利用水平线条来划分和装饰建筑，那么结果是人们会认为前者高于后者，这就是视觉产生错觉的结果。

　　② 粗细与轻重　同一宽度的两个物体，横放比竖放显得宽，而当这两个物体的表面质感又相同时，则横的较重，竖的较轻，这就是粗细与轻重的错觉。这种错觉是由"像散作用"造成的。这种错觉，要将横物或线的宽度减细约十分之一时，才能消除。

图4-2-3　明暗造成的错觉

　　③ 面积的大小　同样的形体，当周围环境的明暗程度差异较大时，则会对形体视觉的大小产生影响，即感觉背景较暗的形体面积明显大于背景较浅的形体面积。这就是面积大小错觉。如图4-2-3中同样大小的花瓶，但看上去感觉左边的总是比右边的要大一些。

　　④ 附加物的影响　附加物的影响，可以从著名的马勒·莱亚图形中找到说明，如图4-2-4所示。其中，图4-2-4（a）中的 a 线段和 b 线段是等长的，但由于线段端点上加了不同形状的附加物，使得口线段看上去比 b 线段长；图4-2-4（b）中的 A 与 B 的角顶距离等于 B 与 C 的角顶距离，但看上去容易产生这样的错觉：BC 间的距离远远大于 AB 间的距离；图4-2-4（c）中的 A、B、C 三段横线的长度是相等的，由于各线段端点折线的角度不同，因而常常会让人感觉到线段 A 的长度大于线段 B、C 的长度。类似这样的现象，都属于"附加物的影响"。

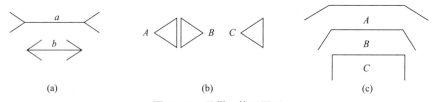

(a)　　　　　　　　　　(b)　　　　　　　　　　(c)

图4-2-4　马勒·莱亚图形

　　（2）分割错觉及其影响

　　图4-2-5是著名的塞尔纳图形。这个图形中的五条竖线是平行线，但是由于各竖线均被短斜线所分割，因而在视觉上看不出这五条线是平行线。

　　图4-2-6（a）、（b）都是正方形，但由于图4-2-6（a）采用的是竖向分割，图4-2-6（b）采取的是横向分割，结果图4-2-6（a）显得宽一些，图4-2-6（b）则显得高一些。

(a)　　　　　　　(b)

图4-2-5　塞尔纳图形　　　　图4-2-6　纵向和横向分割的视错觉

　　这种同一尺寸、同一形状的物体，由于采取不同的分割方法，使人们感到它们的尺寸和形状都发生了变化的现象，被称为"分割错觉"。风景园林建筑立面设计中，常常利用分割错觉来增加或减少某个物体的高度或宽度，以达到所需要的装饰效果。

（3）对比错觉及其影响

对比错觉，是指由于同一形、色的物体处于两种差异较大的环境下，直接影响了人们对它们的认识，以致作出错误判断。如图4-2-7是两个等大的圆被分别置于左右两个大小不等的组圆中，则大圆包围中的圆看似小于小圆包围中的圆。这种感觉是由于相互对比、衬托所产生的。所谓"小中见大，大中见小"，正是这种现象的反映。

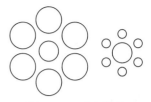

图4-2-7　对比错觉

当认识了对比错觉后，在风景园林建筑设计上就要考虑其带来的影响。例如住宅的层高一般约3m，房间面积在20m²左右，此时房间的尺度感比较舒服，但是如果用3m的层高建一个200m²的大空间，如会议厅，则会产生强烈的压抑感，甚至引起人的不安。这与空间的相对尺度大小和顶棚材料的重量感引起的下坠倾向有关，产生这样的感觉主要是对比错觉带来的影响。通常同一高度的空间，面积越小越显得高，空间越宽阔越显得低矮。同时，下坠感也随面积大小而异，面积越小感觉越轻微，面积越大感觉越强烈。为了改变这种感觉，在影剧院、礼堂等大型公共建筑中，通常应将吊顶做成向上略凸的。一般情况下，起拱高度应为房间跨度的3/1000左右。经过这种处理，一方面可减少压抑感；另一方面可克服顶棚中部的下坠感觉。如果把天花板做成水平的，则人的感受是中部向下凹的。

（4）透视错觉及其影响

透视错觉用简单的话来说，就是"远小近大"。即对于同样大小的物体，由于空间的影响，造成的远距离的物体较虚，看上去相对较小；近距离的物体较实，看上去相对较大。透视错觉的另一类，是指对不同远近的物体，人为地加上了同一条透视底线，造成了对平面图形的错误判断和感受。

在风景园林建筑外立面设计中，为了避免透视错觉带来的影响，必须对其进行适当的矫正。例如日本的传统建筑，屋顶的檐口线在两端部位稍微向上翘曲，目的是让人们从一端到另一端看到的是一条不松弛的直线，并且整个建筑给人以跳动的力量感（图4-2-8）。

图4-2-8　日本传统建筑微微上翘的檐口

4.2.2　风景园林建筑立面设计的视觉形式美

形式历来为建筑师所偏爱，经过历代艺术家和建筑大师对于建筑形式美的研究，形成了一套完整的形式美原则，如统一、尺度、比例、均衡、稳定、节奏、韵律等。

4.2.2.1 统一变化

统一变化规律是形式美规律中应遵循的最基本的规律。它包含统一的原理，也包含变化的原理，二者相辅相成。

统一即是有序，它使部分结为整体，形式因素的相同或相似有利于表现整体的统一感。在人类的视知觉活动中，具有将感知对象组织和化简的倾向。格式塔心理学表明："当一种简单规律的形式呈现于眼前时，人们会感知到极为舒服和平静，因为这样的图形与知觉追求的简化是一致的，它绝对不会使知觉活动受阻，也不会引起任何的紧张和憋闷的感受"。在风景园林建筑外立面设计中，为了追求整体效果和风格的统一，可以使用相同或相似的形状、色彩、材质以及图案等。同时，在进行风景园林建筑外立面设计时相同因素的过多使用也会使人产生单调感。实践证明，过于简单和规则的图形是没有多大吸引力的，而那些复杂的、不规则的图形则会引起人的强烈注意和好奇心。因此在进行设计创作时，在统一的前提下应该有一定变化，包括材质的变化、色彩变化、形状的变化等。这种变化反映出设计的丰富性和趣味性。

图4-2-9　东莞理工大学教工公寓建筑

因此统一与变化二者缺一不可。统一给人带来平静、稳定的感受，而变化会引起人的兴奋感，更具趣味和刺激性。一个好的风景园林建筑外立面设计应该是统一之中有变化，变化之中求统一，既不显得单调，也不显得混乱，既有起伏变化又有协调统一。如图4-2-9所示的东莞理工大学教工公寓建筑，由于建筑采用了居住单元的设计，在立面上呈现出一定的整体统一性。为了打破统一带来的沉闷感，在不同的位置设置了阳台，起到了变化的作用，成为立面设计中最为活跃的元素。

4.2.2.2 比例尺度

任何造型艺术都不能回避比例和尺度的问题，当然风景园林建筑艺术也不例外。威奥利特·勒·杜克所著的《法国建筑通用词典》一书中，给出了比例的定义："比例的意思是整体与局部间存在着的关系——是合乎逻辑的、必要的关系，同时比例还具有满足理智和眼睛要求的特性"。所谓"满足理智要求"就是指良好的比例一定要正确反映事物内在的逻辑性。除了考虑形式本身的比例外，还应考虑材料、结构、功能等因素对比例的影响。

柏拉图认为合乎形式的比例是美的，只有比例和谐，才会引起人们的美感。历史上曾经出现过风景园林建筑设计比例至上的阶段，建筑师们热衷于在高、宽、厚、长的数学关系寻找建筑美的奥妙。然而，怎样才能获得和谐的比例呢？一种看法认为只有简单而合乎模数的比例关系才能易于被人们所辨认和富有效果，如圆、正方形、正三角形等几何图形，至于长方形，人们发现当其长宽比率为1：1.618时是完美的比例关系，这就是著名的"黄金分割"比。"黄金分割"比起源于公元前六世纪古希腊的毕达哥拉斯学派，一个内点把一条线段分为长短不等的A、B两段，使它们的长度满足这样的关系：长线短（A）与整条线段（A+B）的比等于短线段（B）与长线段（A）的比，其比值为0.618，即$B/A=A/(A+B)=0.618$，如图4-2-10所示。这种比例在造型上比较悦目，因此，0.618又被称为黄金分割率。黄金分割长方形的本身是由一个正方形和一个黄金分割的长方

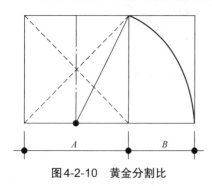

图4-2-10　黄金分割比

形组成。经过人们对比例关系的探索和研究，产生了大量基本几何形、黄金分割、矩形、模度、算术比等理论。那么在风景园林建筑立面设计中怎样来推敲比例呢？

任何物体，不论其形状如何，都存在着三个方向（长、宽、高）的度量。风景园林建筑也不例外，风景园林建筑的比例是对建筑形象的整体和局部的量度的推敲，从而确定风景园林建筑形式长、宽、高不同方向量度的比例关系。这种比例关系的推敲决定着风景园林建筑的大小、高矮、长短、宽窄、厚薄等，既包括风景园林建筑整体或者它的某个细部本身的比例关系，也包括风景园林建筑整体与局部或者是局部与局部的比例关系，也就是说良好的比例关系不是孤立存在的，如图4-2-11所示的比例关系的推敲，由于风景园林建筑立面中的窗、墙体等大多呈现出比较规整的四边形，故利用对角线的平行或垂直关系来推敲各要素之间或要素与整体之间的比例。

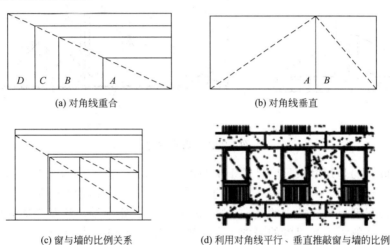

(a) 对角线重合　　　　　　　　　　　(b) 对角线垂直

(c) 窗与墙的比例关系　　　(d) 利用对角线平行、垂直推敲窗与墙的比例

图4-2-11　利用对角线的重合、垂直、平行的方法推敲比例关系

比例是风景园林建筑立面的各种要素协调与否的重要因素，人们在设计实践中也总结出了很多优美比例的经验，如黄金分割比（0.618）、和谐比（2、3、6）等。除了上述的比例数值关系外，还有其他的方法来推敲风景园林建筑的比例关系，如建筑物的整体外观，特别是它的外轮廓线以及内部各主要分割线的控制点，凡是符合于圆、正三角形、正方形等简单的几何图形，就有可能产生统一和谐的效果。因为这些形状有确定的几何关系。如圆周上的任意一点距圆心的长度是相等的，圆周的长度是直径的p倍；正方形的各边相等；正三角形的三条边等长，三个角相等，顶端处于对边的中线上。这些形状既然有明确、肯定的几何关系，就可以避免任意性。古今中外许多优秀的风景园林建筑作品不论是平面形状、体形组合，乃至细部处理，都以上述几种简单的几何图形作为构图的依据，从而获得了高度的完整统一性。如图4-2-12所示的文丘里设计的母亲住宅立面的比例分析，该建筑的正立面基本为对称结构，立面中部最高点与底部两端的连线为等腰三角形，立面底部的二分之一长度同坡屋顶与底部的延长线的交点的比值为黄金分割比，立面的比例关系和谐统一。立面的设计形式上采用了古典的符号，把古典的山花打断，虽然如同巴洛克的手法，但却简洁抽象，这个建筑的立面既对称又非对称，既严肃又亲切，既纯净又芜杂，试图使用建筑符号来取得建筑情感上的交流。

当然，关于良好的比例关系不能简单地用数字作规定，还应该考虑风景园林建筑的功能、使用的材料、结构形式以及审美观念等因素。一个良好的比例的取得，需要不断地推敲和比较，达到增一点则多、减一点则少时，恰当的比例也就出现了。

(a) 外观

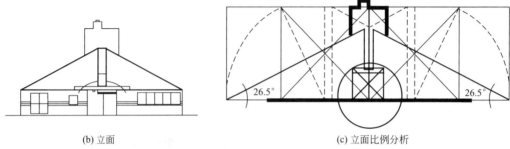

(b) 立面   (c) 立面比例分析

图4-2-12　母亲住宅

同比例相联系的是尺度，尺度是关于量的概念，与比例有一定的区别。比例是指一个组合构图中各个部分之间或部分与整体之间的关系，而尺度则是指相对于某些已知标准或常量时物体的大小。尺度反映建筑中的量，包括形体的长短、宽窄等，涉及物体的真实大小和尺寸。但不能把尺寸的大小和尺度的概念混为一谈。尺度一般不是指要素真实尺寸的大小，而是指要素给人感觉上的大小印象和其真实大小之间的关系。一般来讲，这两者应当是一致的，但也可能出现不一致的现象。如果两者一致，则意味着风景园林建筑形象正确地反映了建筑物的真实大小，如果不一致，则表明风景园林建筑形象歪曲了建筑物的真实大小，可能出现两种情况：一是大而不见其大——实际很大，但给人印象并不如真实的大；二是小而不见其小——本身不大，却显得大。两者都叫做失掉了应有的尺度感。

衡量风景园林建筑的尺度需要一个标准，在风景园林建筑设计中经常会以建筑的某个规范构件为参照来获得风景园林建筑的尺度感。如窗台或栏杆的高度一般为90cm，人们通常会以它们为参照来衡量建筑物的尺度。也可以将重复的组成部分和部件作为整体的尺度单位，如住宅的单元、楼层的划分、墙面的块材和划分自然成为立面度量的尺度单位，日本的"席"、中国的"间"为建筑内部空间的度量单位。

不同的尺度设计可以表达出或宏伟高大或朴实亲切或细腻精致等不同的视觉美感。大的尺度表现出力度和宏伟感，表达人们的崇敬之情；舒适宜人的尺度给人以亲切感，通常设置在与人密切接触的部位；而细小的尺度则会给人以具体精致的感觉，通常用于风景园林建筑的细部处理。

风景园林建筑立面在设计时还应考虑到人的观看尺度，尺度的可读性是尺度表达的基本条件。根据古典学者的理论，一个建筑物的整体意象知觉来自于一个站立不动的观众一瞥之下所获得整个建筑立面的构图，那么这个观众与建筑的距离应保持2倍的建筑高度。一般而言，如果在22m的距离上看清建筑，建筑的高度为9m，这符合人的亲切尺度感，以这样的尺度设计则建筑立面的最小装饰要素不小于1～1.5m，3层以上的建筑立面则可采用轮廓清晰的构图来达到鲜明的印象。风景园林建筑立面设计应使观者有在不同的层次都有可感知的内容：远距离观看时，一般可见形体关系、基本轮廓等宏观效果，在有近距离观赏条件的部位则应侧重于局部和细部尺度的设计。

4.2.2.3 均衡稳定

均衡，就是指平衡。建筑学中所指的均衡是指利用空间或形体的元素进行组合的基本方式。均衡是直觉或概念上的等量状态，在建筑立面构图中通过前后左右各部分之间的组合关系给人一种安定、平衡和完整的感觉。根据风景园林建筑立面设计的构图可分为对称均衡和非对称均衡两种形式。

对称是均衡的特殊形式，是指把相同的单元放在无形的一条线的每一边、或围绕一个点，通过建筑对称布置来达到平衡的效果。一般意味着对称轴线建筑的平衡，表现庄重的氛围。对称的形式天然就是均衡的，加之它本身又体现出一种严格的制约关系，因而具有一种完整统一性。古今中外无数的著名风景园林建筑都是通过对称的形式而获得明显的完整统一性。如图4-2-13所示的特里·法雷尔设计的TVAM电视制作大楼，建筑立面采用了对称的构图方式，设计采用后现代的抽象拼贴的手法，重视建筑与城市环境的有机结合。

非对称均衡是指没有轴线构成的不规则的平衡，与对称均衡相比，此种均衡构成会更为复杂，在风景园林建筑立面设计构图中使各种要素以平衡点或一个控制性的视觉焦点为中心得到适当的安排从而达到视觉上的平衡，对于建筑功能复杂的风景园林建筑可采用非对称均衡的设计手法，表现轻松活泼的氛围。如图4-2-14所示的KPF事务所设计的《今日美国》公司总部，建筑综合体朝向基地中央的水池，数百棵树木以及新栽植的植物充实了基地的环境，建筑包括新闻编辑和制作区、标准办公区以及共享设施。这样的分区形成了建筑不同体量的组合，形成均衡的建筑构图，建筑外立面的材质采用了透明的玻璃，并柔和地反映出周边的天然美景。

图4-2-13 TVAM电视制作大楼

图4-2-14 《今日美国》公司总部

上述两种均衡形态都属于静态均衡的范畴，除了静态均衡的构图外，随着建筑结构技术的发展和进步，动态均衡在风景园林建筑设计中的运用也日益显著。由于人们观察建筑不是固定在某一个位置，而是在行进的过程中观赏建筑，因此在进行风景园林建筑设计时，还应从各个角度考虑建筑形体的均衡。动态均衡的风景园林建筑组合更自由、更灵活，从任何角度观看都有起伏变化。例如赖特设计的美国纽约古根海姆博物馆，螺旋形的建筑形体上大下小，具有强烈的动态感，使人感受到一种活力（前文第3章图3-1-7）。

稳定主要是指风景园林建筑造型在上下关系处理上所产生的艺术效果。一般而言，上小下大的造型会给人以强烈的稳定感。例如图4-2-15所示的安托尼·普里多克设计的美国遗产中心与艺术博物馆，位于建筑中心的圆锥体容纳了美国遗产中心，隐喻了美国印第安人的古老的建筑传统，成为整栋建筑的艺术的、象征性的核心。随着新结构、新材料、新技术的不断发展，人们对于稳定的概念也在发生着变化，取得稳定感的设计手法也在不断丰富，如建筑物底层架空、上大下小以及一些动态处理等设计手法。

图4-2-15　美国遗产中心与艺术博物馆

4.2.2.4　节奏韵律

韵律原意是指诗歌中的声韵和节律，通过音的高低、轻重、长短的组合，匀称的间歇和停顿等加强诗歌的音乐性和节奏感。节奏是指音乐中交替出现的有规律的强弱、长短现象。两者是用来表明音乐和诗歌中音调的起伏和节奏感的。自然界中许多事物和现象，由于有规律的重复出现或有秩序的变化形成韵律感，从而激发人们的美感。人们对于这种现象加以模仿和运用，创造出各种具有条理性、重复性、连续性为特征的韵律美。

韵律在风景园林建筑立面设计中是指立面构图中有组织的变化和有规律的重复，这些变化犹如乐曲中的节奏一般形成了韵律感，给人以视觉上美的感受。在风景园林建筑设计中由于功能的需要或是结构的安排，一些构件都是按照一定的韵律出现的，如窗户、阳台、柱子等。使用韵律进行设计构图的方法可归纳为以下几种：

（1）连续的韵律

在构图时运用一种或一组元素使之重复和连续出现所产生的韵律感，通过线条、色彩、形状、材质、图案的重复，增强构图的艺术表现效果。这里应注意重复次数的把握，因为当重复次数太少便无法获得韵律感。但是，过多的重复，又会使构图不谐调，并产生单调感。如图4-2-16所示的博塔设计的莫比奥中学，通过透空的朴素的立方体的不断重复运用，形成了具有韵律感的建筑立面。

图4-2-16　莫比奥中学

（2）渐变的韵律

在风景园林建筑立面构图时将一种或一组元素按照一定的秩序逐渐变化，如逐渐加长或缩短、变宽或变窄、色彩的冷暖变化等，从而形成统一和谐的韵律感，板构架标识出了每个住所的所在，并在风景园林建筑立面上形成了连续的韵律感。例如中国古代塔身的变化，由于每层檐部与墙身向上逐层收缩而形成渐变的韵律，使人感到既和谐统一又富于变化。上海金茂大厦的外观充分体现了中国传统的文化与现代高新科技相融合的特点，既是中国古老塔式建筑（图4-2-17）的延伸和发展，又是海派建筑风格在浦东的再现。在立面上按比例不断收缩的塔身、台阶式塔顶以及不断缩小的水平檐口等处理，形成了渐变的韵律变化，如图4-2-18所示。

图4-2-17　中国塔的韵律变化

图4-2-18　金茂大厦

（3）交错的韵律

在构图时运用构图元素做有规律的纵横交错、相互穿插的处理，从而形成丰富生动的视觉效果。任何因素均可交错，各要素互相制约，一隐一现，呈现出有组织的变化，产生自然生动、别具风格的效果。如斑马条纹的深浅交错，会使人产生美的享受。在构图上，若能适当地采用交错的韵律，就会产生有趣的变化而又不影响统一的效果。如彩图4-2-19所示的日本鸭巢信用银行第四分行，它的外立面是由一系列富有韵律感的突出的方体组成，并在其中形成了一个个空中小花园。在这个独特的外立面上，建筑师运用多种不同的颜色来进行点缀，从外观上看构成了交错的韵律，而这些空中小花园的植被也会跟随者季节而不断变化，让建筑的立面更富动感。在室内，阳光透过植物的枝叶投射在南面上，为银行内部营造了一种温馨而又醒目的氛围。

总之，在运用韵律的手法进行立面设计构图时应处理好重复与变化的关系，重复是获得韵律应该具有的条件，重复过少就不能获得韵律的美感，但重复过多又会显得单调，应适时地做一些变化。因此在风景园林建筑立面设计时既要注意有规律的重复又要注意适当的变化，这样才能运用好建筑形式美中的韵律手法。

4.2.2.5　对比协调

对比就是将两种以上不同的设计元素放在一起进行对照比较，体现出要素之间的显著差异，对比可以借彼此之间的烘托陪衬来突出各自的特点以求得变化。协调是对比的对立面，它是缓解和调和对比的一种手法，可以借相互之间的共同性以求得和谐。没有对比会使人感到单调，过分地强调对比以至失去了相互之间的协调一致性，则可能造成混乱，只有把这两者巧妙地结合在一起，才能达到既有变化又和谐一致，既多样又统一。在风景园林建筑立面设计中运用对比的手法可以起到个性突出、鲜明强烈的形象感。对比手法运用得当可以产生丰富多彩、突出重点的效果，反之，对比过强，就会失去和谐感，显得个性突出，失去共性，产生支离破碎、杂乱无章的现象。

对比的元素可以是方向性对比——水平与垂直，形状的对比——方与圆，线性的对比——

直线与曲线，材质的对比——光滑与粗糙，色彩的对比——冷与暖，光影虚实变化的对比等。

方向性的对比，是指组成风景园林建筑立面的各要素，由于长、宽、高之间的比例关系不同，各具一定的方向性，交替地改变各要素的方向，即可借对比而求得变化。如图4-2-20所示的赫尔佐格和德梅隆设计的泰特现代美术馆，建筑外观呈现出明显的水平方向与垂直方向的对比。

图4-2-20　泰特现代美术馆

形状的对比往往更加引人注目，这是因为人们比较习惯于方方正正的建筑体形，一旦发现特殊形状的体量总不免有几分新奇的感觉。对于这一类体量组合，必须更加认真地推敲研究各部分体量之间的连接关系。线性的对比可以通过直线与曲线之间的对比而求得变化。直线的特点是明确、肯定，并能给人以刚劲挺拔的感觉；曲线的特点是柔软、活泼而富有运动感。在体量组合中，巧妙地运用直线与曲线的对比，将可以丰富建筑体形的变化。如本书第3章中图3-1-7赖特设计的美国纽约古根海姆博物馆，经过格瓦思梅-西格尔事务所对原有建筑的修缮和改建，使扩建部分与原有建筑很好地联系在一起，在建筑外观上呈现出圆形与方形、曲线与直线的对比关系。

材料是风景园林建筑外立面设计重要的影响因素，不同的材质会赋予建筑不同的表面观感，材料本身的质地给予人的视觉和触觉刺激而产生粗与细、厚重与轻盈、刚硬与柔韧等感觉，形成了材质的对比。赖特可以说是运用各种材料质感对比而获得杰出成就的建筑师。他熟知各种材料的性能，善于按照各自的特性把它们组合成为一个整体并合理地赋予形式。在他设计的许多建筑中，既善于利用粗糙的石块、花岗石、未经刨光的木材等天然材料来取得质感对比的效果，同时又善于利用混凝土、玻璃、钢等新型的建筑材料来加强和丰富建筑的表现力。他设计的流水别墅就是运用材料质感对比而取得成就的典范，如本书第3章图3-1-9所示。流水别墅是一座构思巧妙、形式独特的风景园林建筑精品。在这座建筑的外形上，最为突出的是与一道道横墙垂直交错的几条竖向石墙。石墙以其粗犷的肌理效果起到很好的点睛作用，在水平和竖向的对比中又添加了色彩与质感的对比，再加上丰富的光影变化，使这座建筑的整体更富于艺术感染力。

在虚实的对比中，实的部分往往会使人感到笨重沉闷。只有虚与实的部分巧妙地组织在一起，才能使风景园林建筑的立面显得既轻巧通透又坚实有力。如图4-2-21所示的赫尔佐格设计的OBAG管理大楼，建筑立面使用了黏土瓷砖幕墙和双层玻璃幕墙。瓷砖固定在铝制的承重结构上，从背后的空腔通风，这样的处理不仅因为出色的立面效果，而且利于热环境的改善，瓷砖在建筑形体中形成了实的部分。建筑形体中虚的部分为双层玻璃幕墙，外表皮上使用的铅玻璃，保证了更大的透明度，内皮为玻璃和木材的混合构造，在窗下墙内布置了各种服务管井。在外层玻璃的后面可以安装简单的可调节遮阳百叶，双层玻璃幕墙在建筑形体中形成了虚的部分。整个建筑立面由于砖与玻璃的运用形成了虚与实的对比关系。

(a) 外观

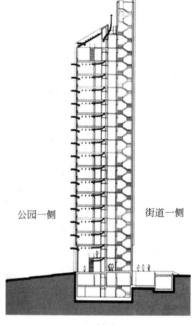
(b) 剖面

图4-2-21　OBAG管理大楼

　　协调是对比的反义词，是把同性质的或类似的事物配合在一起，彼此之间虽有差异，但差异不大，仍能融和，从而使对比引起的各种差异感获得和谐统一，产生柔和、平静和喜悦的美感。运用协调的手法能够起到呼应统一的效果。在风景园林建筑立面设计中可以使用形状、色彩、材质等元素通过呼应或者过渡等手法达到统一和谐的效果。如图4-2-22所示的安托尼·普里多克设计的拉斯维加斯图书馆与儿童美术馆中的墙面处理，在褐色砂岩墙面上开满了大大小小的窗户，给人的感觉就像是儿童在堆积木时留出的空隙一样，从而给孩子们制造了一种熟悉的环境。

图4-2-22　拉斯维加斯图书馆与儿童美术馆

4.2.2.6　重点突出

　　在风景园林建筑立面设计中，如果各种要素以均衡的力度出现，那么给人的视觉感受是平淡无奇、缺乏个性，因此应该对设计要素进行合理布置，达到主次分明，重点突出，形成视觉中心。所谓重点突出就是指在进行风景园林建筑立面设计时有意识地突出其中的某一部分，并以此为重点或中心，而使其他部分明显地处于从属地位，使建筑立面产生主从分明、完整统一的效果。视觉中心就是指风景园林建筑立面中通过主从的处理能够突出某一部分，成为引人入胜的焦点，吸引人们注视的目光。一幢建筑如果没有这样的重点或视觉中心，不仅使人感到平淡无奇，而且还会由于松散以至失去有机统一性。一般情况下突出重点的处理方法有以下两种。

第一种，是把重点要素的特征置于空间中的关键位置以加强其视觉效果。其具体方法是把它们放在空间的中枢或对称组织的中心。对于非对称组织，可将重点要素偏置或孤立于其他诸要素之外。例如图4-2-23所示的隈研吾设计的M2 Mazda公司，建筑使用了一个巨大的变形的爱奥尼柱式成为建筑的构图中心，并且附加了一些历史主义片断，达到了重点突出的效果，着重渲染了商业广告的效用。

第二种，是将重点要素与其他要素在尺寸上、方向上形成对比，或采用独特的照明方式，或者是将次要的因素按序排列，或者将重要性因素进行几何性的转动，或者采用丰富的装饰、强烈的色彩和贵重的材料等使人们的注意力集中在重点上。如图4-2-24所示的弗兰克·盖里设计的加利福尼亚航空宇宙博物馆，破裂的建筑体量涂以白、灰、银三色，使人联想到无名的飞机库，主立面上挂着一架F-104星尾式战斗机模型，成为整个建筑的趣味中心，突出了建筑的特征。

图4-2-23　M2 Mazda公司　　　　图4-2-24　加利福尼亚航空宇宙博物馆

在一个构图设计中，既要强调重点，又要注意对重点的表现应该微妙而又有所克制，不应造成压倒一切而使其不再成为整体的统一部分的视觉。各个非重点因素要与重点因素结合在一起，按照统一、和谐的原则，使形态、色彩、明暗度等存在相互的关系，达到整体的完美效果。

4.2.3　风景园林建筑立面设计的艺术美

人们在面对观赏对象时主张美感，心理上所产生的愉悦美感来自主客观两个方面：一方面是客观美的事物；另一方面是主观方面的某种观念，也就是说，这种对于环境的认识是基于环境对于人的心理上的反映，并受到社会、人文、教育、物理环境等各方面因素的影响。不同的风景园林建筑形体、不同的风景园林建筑空间、不同的风景园林建筑色彩和材质等都会给人带来不同的心理感受，如希腊的建筑给人以优美的感觉，罗马风景园林建筑则表现出武力和豪华，基督教建筑表现虔诚等，那么到底什么是美呢？

4.2.3.1　美的本质

美是人们谈论最多、但又表达不清的一个问题。柏拉图提出了"美是理念"论，亚里士多德提出了"美的统一"说。在我国先秦时代，孔子提出了"尽善尽美"论，庄子提出了"道至美至乐"说。实际上美学的发展离不开艺术的发展，美学思想的产生与一定历史时期的艺术繁荣分不开。古希腊文化，包括音乐、戏剧、绘画、建筑、雕刻等的成就，成为欧洲文化发展的摇篮，中国先秦艺术如诗、乐、舞等也对先秦美学产生了深刻的影响。一般认为西方古代美学多把美与真联系在一起，而中国古代美学则强调美与善的统一。对于美的本质大概可分为"客观美论"、"主观美论"、"主客观关系美论"三种。

"客观美论"认为美在事物本身、自然和社会本身。这种客观存在是美感的唯一来源，凡是大小得体、比例适当均能体现出秩序的、明确的形式美。"主观美论"认为美不在物，而在于心，在于精神，他们认为对象本身并无所谓美与不美的问题。中国明代唯心主义哲学家王阳明认为"美在吾心中"，英国唯心主义哲学家休谟说："美不是事物本身的属性，它只存在于观赏者心中"，意大利主观唯心主义美学家克罗奇说："只有对于用艺术家的眼光去观察自然的人，自然才显得美"。此种理论重视人在审美活动中的作用。"主客观关系美论"认为美既不在物也不在心，在心与物之间，即主客观的统一。如德国的里普斯主张"移情说"，意思是说人在观察事物时，设身处于事物的境地，把原来没有生命的东西看成有生命的东西，仿佛它也有感觉、思想、感情、意志和活动，同时人自己也受到对事物这种错觉的影响，产生了同情与共鸣。其实质仍是用美感观念代替了美，用主观意识代替了客观存在。美一直是人们争论的话题，它存在于自然与社会之中，只要那儿有美，就会有人强烈地感觉到它。

一般来说美的事物首先是它的形象。凡是美都可以被人感知，都具有形象。美的形象总是通过一定的物质材料，如形、色、声等呈现出来。黑格尔说过："美只在形象中见出。"形象是具体、生动、千变万化的，因而美不是千篇一律、万古不变的，而是个性鲜明、绚烂多彩、异彩纷呈的。其次是美的感染性，美给人以愉快的审美享受，当人们欣赏美的建筑、美的音乐、美的雕塑时，洋溢着兴奋和喜悦，美的感染性是其本身固有的特点。同时美还需要不断创新，随着社会形态的演变美的观念也在发生着变化。

感知美称之为美感，是人对客观存在的美的对象的主观反应，是人们在审美过程中的心理感受。车尔尼雪夫斯基说过："美感认识根源无疑是在感性认识里面，但美感认识与感性认识有本质区别"。在审美实践中，美感除直觉性特点之外还存在着理智的因素。欣赏美的对象时，需要具备与审美对象相适应的历史文化知识，才能领悟美的深层内涵。体验到美是一个审美的过程，审美有一定标准，同时也存在着差异。审美标准有一定的客观性，有相对的统一性。正确的审美标准源于客观美的事实，客观的美决定着审美标准的客观内容。随着社会形态的更替，审美标准也在发生着变化，古希腊、古罗马时期的建筑艺术，对于当时的审美而言是美的，到文艺复兴时期审美标准有了新的发展，但不是对旧的审美标准的绝对排斥，而是继承和发展的关系。在审美过程中对同一事物人们会有不同的心理感受，存在着审美差异。民族的、地域的、个人的差异都会造成审美差异，因此，在审美差异上不可能整齐划一，审美趣味的多样性为艺术表现的多样化提供了有利的条件。

4.2.3.2 建筑艺术美

风景园林建筑是存在于三度空间的庞然大物，它的空间、色彩、形、线、质感、光影等构成了风景园林建筑形象，风景园林建筑美作为艺术美的一种，也存在着客观美、主观美、审美标准等问题，风景园林建筑不可能如时装一样每年发布春、夏、秋、冬的流行样式，当我们审视人类历史长河中被世世代代赞扬和公认的美的风景园林建筑时，一般都遵循着一定的形式美规律。如多样统一、比例尺度、均衡稳定等，也就是说风景园林建筑的美有一定的客观性，在此基础上才能产生深层的美感，领会风景园林建筑的内涵。风景园林建筑的美感并不是意味着只是风景园林建筑本身的形式美，同时还应有社会环境的美、周边景观的美、施工工艺的美、建筑意境的美以及材料质感的美，使风景园林建筑与环境产生和谐的美感。风景园林建筑不应只是静态的、和谐的，我们应使风景园林建筑形式有所超越，成为一种活的、有机的、自由的形式。因为风景园林建筑是为人所用的，我们看到美的风景园林建筑形式时，也看到了人们在其中的生活，所以才会感受到美。和谐美是传统的美学观，阿尔伯蒂认为："美是各部分的和谐。"那么杂乱与和谐共存的话，风景园林建筑是不是就不美了呢？当然，答案是否定的，如解构主义风格的建筑，屈米认为："以癫狂的无限结合的可能性，提供了一条多元化的道路。"如图4-2-25所示的他设计的拉维莱特公园，其设计是由点、线、面三套独立的体系通过并列、交叉、重叠而合成的，形体的组合是杂乱的，屈米把园内不同时代、不同风格的古典设计与现代建筑统一，为园区建立了新秩序，实现了统一，所以只要两者能形成一个有机的整体，并不一定都为不美。在创作形式时，只要遵循着在静态中保持着多样化，各部分通过一个中心保持联系，由有节奏的活动结合成为一个有机整体，并有机地生长在生活之中，那么这个建筑就是有生命力的风景园林建筑。

(a) 鸟瞰图　　　　　　　　　　　　　　　(b) 拉维莱特公园之浮列

图4-2-25　拉维莱特公园

一般可以把风景园林建筑美分为两种形式：其一，物质形态的建筑美，即狭义的风景园林建筑美；其二，观念性的建筑美，即风景园林建筑艺术美。物质形态的建筑美是具体的，比较容易理解，而观念形态的建筑美比较抽象，只能意会，理解起来比较困难，这里需谈到建筑的"意"，"意"是观念形态的建筑的灵魂，建筑师在创造风景园林建筑作品时有一定的思想意义。中国美学思想强调表意，如王夫之曾说过："意尤帅也，无帅之兵，谓之乌合。"中国风景园林建筑也受到上述思想的影响，有重视表意的特点。"意"出自建筑师的构思，但是不能随心所欲，除了个人的作用和主观因素外，还受到社会因素和客观规律的制约。"意"在风景园林建筑艺术中不能单独存在，而必须借助于"体"来加以表现，也就是说观念形态的建筑美离不开物质形态的建筑美，风景园林建筑艺术作品是两种形态美的统一体。

风景园林建筑的美在建筑的历史长河中经历了数次历史风格的转变，无论那一次转变都是仅仅因为几个代表性的建筑物的出现，同时也是科学技术、生产力发展的必然结果，是美学观念和价值体系的转变。古典主义时期的理想化的表现，现代主义对抽象形式的关注无不带有鲜明的时代烙印，它们呈现给人们的是完全不同的审美意义倾向。现代人文科学的根本特征是由对实体观念转向意义论，风景园林建筑的意义在于与建筑相关的活动中能够产生对存在的意义的体验。当代风景园林建筑的美学本质同以前相比已发生了重大的变化，不同的建筑审美观、价值观使得风景园林建筑创作以各种不同的姿态呈现出来，如同样都是当代艺术博物馆，安藤忠雄设计的直岛当代美术馆（图4-2-26）、弗兰克·盖里设计的西班牙毕尔巴鄂古根海姆博物馆（图2-3-20）以及马里奥·博塔设计的旧金山现代艺术博物馆（图3-1-20），他们呈现出迥异的风格，没有任何理论体系可以涵盖每一个不同的作品。

图 4-2-26　直岛当代美术馆

因此当代风景园林建筑是否具有意义，是建筑美学的重要特征，可以从三个层面来理解它：第一个层面是作为现实符号的物质层面，它本身没有独立的意义，也就是说风景园林建筑首先是个物质实体，砖、石、砂、钢等是必不可少的；第二个层面是现实意义层面，基本的建筑物质材料再组成风景园林建筑的有实际意义的构成部分，如门、窗、墙、柱等，它们之间的组合方式成为人们对其感受升华的基础，没有这个层面，第一个层面就不可理解，更不可能理解整个风景园林建筑作品的意义；第三个层面是美学意义层，艺术含义超越现实符号本身的意义，取而代之是观察者对风景园林建筑的一种整体把握，风景园林建筑的情致、风景园林建筑的风格趋向等都属于这一层面，风景园林建筑成为一种审美意象，超越了功能的层面。如图 4-2-27 所示的丹尼尔·里伯斯金德设计的柏林犹太人博物馆，作者本人称之为"现状的狭窄空间"，该建筑有着很深的建筑隐喻，同时还隐藏着与思想、组织关系相关的两条脉络：一是充满无数的破碎断片的直线脉络；二是无限延伸的曲线脉络，两者相互限定又相互沟通，在建筑和形式上无限延伸下去，欣赏这座建筑要从整体和意义上去把握。

(a) 鸟瞰图

(b) 破碎的立面

图 4-2-27　柏林犹太人博物馆

我们现在正处在一个信息社会，建筑师的工作方式发生了很大的变化，越来越多的建筑师丢掉了图板、丁字尺，完完全全坐在电脑桌前，因此风景园林建筑形象创作的过程变得简单易行，剪辑和拼贴也能形成大体的风景园林建筑作品，电脑时代使风景园林建筑文化进一步融合起来，当代风景园林建筑将传统与创新、古典与现代、和谐与错乱、纯净与混杂的界限变得模糊起来，古典模式可以和玻璃幕墙拼贴在一起，精致完美的墙面可以出现裂口等，当代风景园林建筑的美学在数码时代很快地被肢解。随着信息技术的高速发展，计算机技术使建筑制造业和建筑业得以迅速现代化，建筑师们普遍运用计算机提高效率，使之成为一种现代化的传译工具，而一些富于探索精神的建筑师，则将新兴计算机技术作为他们探索新概念、新形式的灵感源泉。

弗兰克·盖里无疑是当代将计算机技术与建筑技术创造性结合的伟大建筑师之一。在先进的计算机技术帮助下，建筑师可将规则的造型抽象地扭曲、变形，分布于屋顶、雨篷、墙面、门窗等建筑的各个角落，看似随机无序，却又有机连续。这种有别于传统美学的非逻辑性美学，逐渐成为现今部分商业建筑所追求的一种模式，计算机技术为建筑师探索这全新的形式奠定了基础，如彩图4-2-28所示的盖里设计的音乐博物馆，是继西班牙毕尔巴鄂古根海姆博物馆后，又一次挑战建筑美学并结合电脑科技与营造技术的大胆尝试。每一个钢构件甚至金属表面，都是特别切割出来的立体形貌，也就是都是货真价实建构出来的曲面体，这也是CATIA软件的优势，它本来就是用来设计像飞机或船体那样流畅的躯体线条的软件，通过计算机技术的自由线条的美学可能性也被推到历史新高点，材料本质美的可能被极度地发挥。

当代风景园林建筑的审美已经不像传统建筑那样把形式美放在一个非常重要的地位，风景园林建筑设计也不再是两步走的过程，先解决功能问题，再解决形式美观的问题，实际上当代建筑师早已打破了这些原则，冲突、破损、错位等手法都会应用到风景园林建筑设计中。建筑师更多的是关心人对风景园林建筑的真实体验，建立人与风景园林建筑自然的对话关系，也就是说当代的风景园林建筑美已经突破了形式，寻找人对风景园林建筑的体验。如图4-2-29所示的安藤忠雄设计的水上教堂，以水为主体，完美地处理了"自然-人-建筑"的有机关系，当人们看到主教堂前的湖面和湖面上耸立的十字架时，人们的内心获得一种心旷神怡的纯洁感和神圣感，安藤的设计注重人的内心感受，将外在的形式减少到最低的限度，在他的设计中我们总能体味到一种沉着、内敛的气质，是对风景园林建筑空间的真实体验。

(a) 外观　　　　　　　　　　　　　　　　　(b) 建筑内部

图4-2-29　水上教堂

综上所述，风景园林建筑的美的创作经历了一个漫长的过程，从古典的注重形式美的创造到当代的注重深层次的内涵，风景园林建筑的美已经走上了多元化，用某种风格或流派来评价风景园林建筑已没有意义，只有风景园林建筑与环境协调、风景园林建筑与时代同步、风景园林建筑表现当代文化，才会对人产生最大的美的感染力。

4.3　风景园林建筑立面设计的形体因素

在所有的形式要素中，形状是最基本的要素。当人们观察对象时，总是先注意它的形状，希望知道它像什么，是什么，对形状的理解和欣赏，在很大程度上能满足人的认知欲望。

4.3.1 风景园林建筑的几何形态

建筑形态的特征，主要依赖于它的形状反映出来。形状能够使我们认识和区别对象，在设计中，色彩、质地、尺度等常作为辅助手段，使这一基本特征得到强调。由于形状是所有形式语汇中最通俗的语汇，它很容易为各种文化层次的人所理解和欣赏。正是基于这一原因，世界各文化区域的传统建筑，从千姿百态的屋顶轮廓，到丰富多彩的细部装修，都倾向于用生动的形状表达。

一幢建筑物，不论它的体形怎样复杂，都是由一些基本的几何形体组合而成的，只有在功能和结构合理的基础上，使这些要素能够巧妙地结合成为一个有机的整体，才能具有完整统一的效果。风景园林建筑的整体形态可以分解为以下几种基本形式：点、线、面、体。

（1）点

① 点的含义　在建筑立面的形态构成的概念中，点是指构成风景园林建筑立面的最小的形式单位。在风景园林建筑的外立面中建筑的窗洞、阳台、雨篷、入口以及外立面上其他突起、凹入的小型构件和孔洞等在外墙面上通常显示点的效果。一些建筑师喜欢把这些具体的建筑部件转化为相对抽象的点、线、面表达，或是作为形状、色彩、尺度等造型要素的代表，在风景园林建筑立面设计中起着呼应、联系、补充等作用，使风景园林建筑表达趋向完美。

② 点在风景园林建筑外立面设计中的作用　风景园林建筑外立面上的点具有活跃气氛、重点强调、装饰点缀等功能，起着画龙点睛的作用。如彩图4-3-1北京三里屯入口UINQLO建筑，外墙面点缀着色彩斑斓的点，使建筑醒目美观，并且图中看到沿直线点兼有线的方向感和点的活泼感。所以点的位置变化往往举足轻重，风景园林建筑设计中常利用点调节平衡。另外，外立面上的点一般是间隔分布的，因而具有明显的节奏。窗洞是风景园林建筑立面上最富表现力的构件，风景园林建筑中常利用窗的自然分布形成点式构图。风景园林建筑立面上大面积密布的点窗，在城市景观中可以呈现质感效果。还可以利用对立面窗洞的巧妙组织形成赏心悦目的图案。如图4-3-2所示的苏格兰议会大厦，外墙面上窗户由橡木窗框、金属百叶、花岗岩等材质组成，窗洞点缀着墙面，在外立面上有着明显的点的效果，使建筑锦上添花，在建筑立面中起到画龙点睛的作用。

图4-3-2　苏格兰议会大厦

（2）线

① 线的含义　线是细长的形，与体、面相比，线具有明显的精致感和轻巧感。线有方向性和联系性。线的形态变化可以构成多种线型，各种线型依其空间组合和编排形式差异又可以构成变化万千的式样。

各种线型的长短、粗细、曲直、方位、色彩、质地的视觉属性所形成的伸张与收缩、雄伟与脆弱、刚强与柔和、拙与巧、动与静等感觉可以在人的心里唤起广泛的联想和不同的情感反应。线有方向性，线的方向可以表示一定的气氛。如水平线的平静、舒展，垂直线的挺拔，斜线的倾斜、动态，曲线的柔美、精致等。如图4-3-3所示的冰岛雷克雅未克大教堂，其对称的高耸入云霄的一排排竖向线条表达了建筑严谨、内敛和冷漠的气质，使它符合作为教堂建筑的神圣性格。如图4-3-4所示渡边诚设计的日本水俣车站，屋顶由一片片的充满科技感的镀铝锌钢板构成，形成了水直平线的造型，从透视的角度看过去具有强烈的动感。由于每片钢板的角度都不同，在阳光照射下不同角度的钢板便会反射出不同的光线，产生一种魔术般的变化。

图4-3-3 雷克雅未克大教堂

图4-3-4 日本水俣车站

② 线在风景园林建筑外立面设计中的作用　风景园林建筑外立面中的线的存在形式大致有以下几种。

a.实线　线状实体形成的线。如梁柱等线形构件、室外墙面上凸出的线脚等。实线是立体的，有充实的体量感。如图4-3-5所示让·努维尔设计的里昂歌剧院建筑外墙面的券拱和立柱，竖向的立柱规整有序地排列在一起，形成了一种立面的节奏美。

图4-3-5 里昂歌剧院

b. 虚线　线状空间形成的线。如墙面上的凹槽、形体间的缝隙等。如图4-3-6所示雅克·赫尔佐格设计的Messe Basel展览大厅建筑立面，在外墙的处理上横条形的凹槽与墙面形成了明显的虚实对比。

图4-3-6　Messe Basel展览大厅墙面

c. 色彩线　风景园林建筑的外立面中以色彩表示的线。如以材料的色彩区别的线、各种粉刷线等。色彩线是平面的，具有一定的绘画性，装饰感强。如图4-3-7所示的西萨·佩里设计的莱斯大学赫林馆利用砖的色彩变化形成宽窄不同的纵横向条纹和色带。

图4-3-7　莱斯大学赫林馆

d. 光影线　光和影形成的线。光影线也是平面的。由于光线通常是运动变化着的，因而更具生动感。图4-3-8所示为理查德·迈耶设计的罗马千禧教堂的室内空间，从顶棚投进来的自然光在圆弧形的墙面上产生了丰富的光影变化。

图4-3-8　罗马千禧教堂室内光影效果

e.轮廓线　体面相交形成的线，如立体转折的棱线、建筑物的边缘线等。如本书第3章图3-1-25所示的奥斯·尼迈耶设计的巴西尼泰罗伊当代艺术博物馆，博物馆位于一个多岩的海峡上，螺旋形的坡道连接着建筑的口和坡道，从海湾的不同角度都能看到一个杯状的几何体托立在岩石上，形成优美的建筑轮廓线。在风景园林建筑的外立面设计中，立柱、过梁、窗台、窗棂等构件及屋檐、窗间墙部位都是形成立面线型的依据。这些丰富多彩的线型可以构成不可胜数的造型优美的立面图案。

（3）面

① 面的含义　面表示物体的外表。物体的外貌很大程度上要通过它表面的性质展现出来。在风景园林建筑中，屋面、墙面、地面、顶棚的表面……这一系列大大小小的界面展示给观者以范围广阔、包含丰富的视觉图像，风景园林建筑形体表面的这种风采各异的展示是建筑物特有的语言表达。如图4-3-9所示奥斯卡·尼迈耶设计的斯卡服装博物馆，屋顶面采用曲面造型，新颖独特。

图4-3-9　斯卡服装博物馆

② 面在风景园林建筑外立面设计中的作用　面是构成形体空间的基本要素。面依其存在和组合方式的差异可以构成不同形式的外部空间。在风景园林建筑中，地面与屋顶的高低起伏、墙面的曲直开合，都影响着风景园林建筑空间的性质和形态。如图4-3-10所示的汉斯·夏隆设计的柏林爱乐音乐厅，在结构上拒绝矩形和对称，整个建筑物的内外形都极不规则，周围墙面曲折多变，而大弧度的屋顶面则易让人想起游牧民族的帐篷。

(a) 外观　　　　　　　　　　　　　　　　　(b) 室内

图4-3-10　柏林爱乐音乐厅

面具有与色彩、质感、尺度、方向、位置、空间相关的属性，设计中可以根据需要，有针对性地强调某些性质，使其成为个性。

（4）体

① 体的含义　体与点、线、面相比，体块具有充实的体量感和重量感，体是在三维空间中实际占有的形体的表达，具有明显的空间感和时空变动感。柯布西耶在《走向新建筑》中这样写道："立方体、圆锥体、球体、圆柱或者金字塔式棱锥体，都是伟大的基本形式，它们明确地反映了这些形式的优越性。这些形状对于我们是鲜明的、实在的、毫不含糊的。由于这个原因，这些形式是美的，而且是最美的形式。"

风景园林建筑形态的基本形式是规则的几何形体。这是因为建筑物是需要大规模就地实施的工程物，它要求建筑物的形状尽可能地规则。几何形体准确、规范，符合基本的数学规律，容易实施，它简明肯定的外观博得人们广泛的喜爱，在风景园林建筑立面的设计中，规则的几何形体常为建筑师直接采用。几何形体是构成风景园林建筑整体形态的基础，复杂的风景园林建筑形体多是由基本几何形体衍生出来的。常用的几何形体有：方体、圆体、角体等。

a.方体　方体包括正方体以及各种立方体，方体是规则的典范，垂直的转角决定了方体严整、规则、肯定的性格和便于实施、使用的特点。它以一种开放的形式面向四方，便于相互联接，可以向不同方向发展，由于上述种种优点，方体一直是风景园林建筑中应用最广泛的形式。如图4-3-11所示矶崎新设计的深圳图书馆，长方体的建筑外形体现了建筑的性质，具有庄重、严肃、稳重的特点。

b.圆体　圆体可以包括球体、圆柱、圆锥、圆环体、圆弧体、椭圆体等。圆是集中性、内向性的形状，在一般的环境中，它会自然地成为视觉的中心。圆体均匀的转折，表现一种连贯的、柔和的动感。如图4-3-12所示的马里奥·博塔设计的法国埃夫里大教堂，具有集中、强调和挺拔的感觉。图4-3-13所示为保罗·安德鲁设计的国家大剧院，这座建筑有一个椭圆形的曲面屋顶造型，屋顶覆盖着铝板和玻璃板，它们固定在极细的、铝制的跨越断面方向的拱结构上，建筑轻巧、美观、大方。

图4-3-11　深圳图书馆

图4-3-12　法国埃夫里大教堂

图4-3-13　国家大剧院

c.角体　角体以三角体为代表，可以发展成多边体、棱柱、角锥。三角体的根本特征在于角的指向性，在棱柱、角锥一类形体中斜面与转角都有明显的方向感。如图4-3-14所示的德国乌尔姆中央图书馆，它的三角体形外观显得格外独特，建筑使用了玻璃幕墙，从而赋予建筑立面以丰富的变化。

图4-3-14　乌尔姆中央图书馆

② 体在风景园林建筑外立面设计中的作用　体量感是体表达的根本特征。在风景园林建筑造型设计中经常利用体量感表示雄伟、庄严、稳重的气氛。体在空间方位的变化传达着不同的视觉语言。垂直与水平、正与斜、间隔与位置都直接影响整体形态的表达。形体的尺度、形态、表面的质地、色彩对风景园林建筑立面的表达也有一定的影响。

4.3.2　风景园林建筑立面的轮廓

在风景园林建筑外立面设计中，轮廓线是最直接的表现方法。设计一个完整的立面轮廓，也就是创造了一个形状。外轮廓线是反映风景园林建筑形体的一个重要方面，给人的信息极为深刻。影响风景园林建筑外立面的轮廓线有屋顶轮廓线和建筑轮廓线。

屋顶是建筑中最引人注目的部位，屋顶的形象一直受到建造者的重视。现代技术为屋顶式样提供了广泛的可能性。大部分风景园林建筑为了经济简便常采用平屋顶，但是仍然没有失去对富有变化的顶部轮廓线的追求。中国传统风景园林建筑的屋顶造型极富变化，形式众多，极大地丰富了古典建筑的轮廓。对于我国传统风景园林建筑的这种优良传统，迄今仍然不乏借鉴的价值。如北京西客站、民族文化宫、中国美术馆（图4-3-15～图4-3-17）等建筑，屋顶外轮廓线的处理，大体上是沿用传统的形式。

图4-3-15　北京西客站

图4-3-16　民族文化宫

图4-3-17　中国美术馆

当风景园林建筑外围有一定的空间，使建筑形象得以全面展示的情况下，建筑物形状在空间环境中的作用十分重要，建筑物两侧的轮廓线反映端部的形态，有时可以利用端部形成特殊的效果，建筑边线的形状变化突出表现在转角处的设计。如图4-3-18所示的扎哈·哈迪德设计的北京银河SOHO，特别的结构所形成的包裹状的形体由外凸的边缘诠释着，并且创造了体量感和具有动态的视觉效果，这种动态效果与边缘的连续和穿插紧密相连。

图4-3-18　北京银河SOHO

4.3.3　风景园林建筑立面的形式结构

（1）点式

由小的、相对独立的形式单位构成整体的模式，常用在风景园林建筑的立面设计中，点式结构具有活泼感。风景园林建筑中经常利用窗洞的自然分布形成点式立面。如图4-3-19所示的中国教育部办公楼，建筑立面上规则的分布着带有金属百叶的窗户，形成了建筑立面的点式构图，建筑形象给人以庄重、典雅、大方之感。

（2）线式

线式分为横线式和竖线式两种形式结构，这种形式在风景园林建筑立面设计中应用较多。如图4-3-20所示的菲利普·约翰逊设计的匹兹堡平板玻璃公司总部，建筑立面采用了竖线式的构图，匹兹堡城市具有哥特风格的建筑传统，建筑为了体现城市文脉的延续，立面也采用了简约化了的哥特风格，使用镜面玻璃表现出古典的形式。建筑立面上的垂直线条实际上是一系列截面为三角形或矩形的凹凸面，整个建筑立面挺拔壮观而又不失典雅。

图4-3-19 中国教育部办公楼　　　　图4-3-20 匹兹堡平板玻璃公司总部

（3）网格式图

网格式是一种采用方格对位排列、均衡展开的模式，网格式在立面设计中广为应用。如图4-3-21所示的黑川纪章设计Saitama现代艺术博物馆，在建筑立面中运用了方格网状的构架，并在墙体上也运用了方格网的形状与构架形成呼应，从而使整个建筑虚实结合，立面显得丰富而富于变化。

（4）三段式

三段式是一种特殊的横线式构图，在风景园林建筑立面设计中被广泛采用，三段式具有简明的节奏感。如图4-3-22所示的比利时德语文化社区大楼，建筑的立面采用了三段式构图，使建筑具有古典而精巧的比例。

图4-3-21 Saitama现代艺术博物馆　　　图4-3-22 比利时德语文化社区大楼

（5）对称式

基本形体沿轴线两侧对称布局，这样的立面构图给人一种秩序井然、严整规则之感。如图4-3-23所示的文丘里设计的费城公会大楼，建筑立面采用了对称的布局，通过入口处夸张的字体、巨大的花岗岩柱子、穿孔金属板栏杆、弧形窗等细部处理使整个建筑立面变得活跃。

（6）半围合式

半围合式呈现一种半围绕的形式，具有围合与开放的双重性。如图4-3-24所示的南京鼓楼医院建筑设计，建筑立面呈现半围合的环抱式造型，方向感强，面对患者有迎接的姿势，建筑立面通过细节的处理，强调了建筑装饰的韵律感，建筑立面造型优美、细部设计精致，使病人的恐惧和紧张的心情得以减缓。

图4-3-23　费城公会大楼

图4-3-24　南京鼓楼医院

（7）边框式

边框式又称为门式，是一种周边实、中间虚的中空式结构。如图4-3-25所示的Arcos bosques公司大厦，这座建筑是由32层高的塔楼组成，165m高，外饰面采用了白色的混凝土和大理石，在顶部通过5层高的建筑将两座塔楼连接在一起，形成了边框式结构，消除了大面积的均质界面带来的沉闷感。

图4-3-25　Arcos bosques公司大厦

（8）基准式

基准式是以某一基线、基面或基本形体为依托组成的系列，类似有机生长的模式。如本书第3章图3-3-10所示的黑川纪章设计的中银舱体楼，建筑以中间领域的过渡空间为基准线连接各单元，使之成为建筑的轴线，建筑由130个正六面体单元悬挂在10层和12层两个钢筋混凝土核心筒周围，核心筒内为垂直交通和设备的管道空间，每个舱体单元都完全一样，然而在立面上的组合则表现得很随意，可以根据需要随时地增减和撤换。

（9）螺旋式

螺旋式是从一个中心出发，顺着旋转方向均衡的变化的运动。螺旋式表达环绕、向心和向上攀升的姿态，螺旋式具有运动感。如图4-3-26泽维·霍克设计的柏林犹太小学，建筑造型是基于数学比例的精确螺旋形状，通过空间构成和三维方向上的扩张产生出整体曲线。

图4-3-26　柏林犹太小学

在具体的风景园林建筑立面设计中，各类样式之间是互相补充、互相渗透的，单独采用一种样式常常不能满足多方面的表现要求，在实际设计中，往往是以一、两种样式为主，建筑师还可以根据具体的条件和环境，结合其他形式作出取舍和变化，不断创造出新的、具有特色的风景园林建筑样式。如图4-3-27所示的上海新世纪广场，建筑立面采用了点式、半围合式、边框式的构图形式，外观呈现出圆弧形的半围合状态，高层建筑的中央是一个12层楼高的门洞，形成了外实内虚的边框式构图，整个建筑立面造型优美大方。

图4-3-27　上海新世纪广场

4.4　风景园林建筑立面的造型手法

4.4.1　概述

许多现代建筑师喜欢采用基本几何形体，按照形式运算的法则对其进行加工处理，创造出丰富多变的风景园林建筑形象，这也就涉及到风景园林建筑外立面设计的造型手法。风景园林建筑外立面的造型手法很多，如加法、减法、凹凸、旋转、扭曲等，创造一种成功的造型方法，会给风景园林建筑形象带来新鲜的个性化的表现。

在风景园林建筑外立面的设计中，建筑师通过不同的设计手法，注入个人的意愿和情感来表达设计意图和内涵。但是任何一种成功的手法，都有一个使用是否得当的问题，在进行风景园林建筑造型设计时必须根据具体情况，注意设计的表达效果，不可不顾环境条件套用、滥用，应该说手法只是一种工具，而表达才是最终的目的。

4.4.2 风景园林建筑立面设计的具体手法

4.4.2.1 加法

加法是现代建筑师最常用的造型手法，这种手法是将基本的几何形体（如球体、圆柱、棱柱、长方体等）进行各种组合，从而产生抽象而又丰富的立面形式。采用加法的手法组织风景园林建筑形体时，是把建筑的局部看作首要的，而整个建筑就是把一定的单元或局部加在一起。在进行加法设计时，一般要注意添加体不应改变或干扰原型的基本造型的特征，添加体与原型的关系是一种从属的关系，同时要注意添加体与母体之间在比例、质感、色彩方面的有机联系。如彩图4-4-1所示的让·努维尔设计的巴黎布朗利博物馆，布朗利博物馆坐落于塞纳河畔，新博物馆大楼远离街道，在一扇绘有丛林及雨林景致的玻璃窗上附加了几个涂上布根地葡萄酒、咖啡及黄土颜色的巨型箱子。对于这种做法建筑师努维尔说，他的目标是要建立一个民族艺术品胜地。又如图4-4-2所示的伊东丰雄建筑博物馆，建筑综合运用了方形、棱锥等多种基本几何形体，使用加法的手法将这些形体组织在一起，形成了丰富多变的建筑形象。

图4-4-2　伊东丰雄建筑博物馆

4.4.2.2 减法

采用基本的几何形体，运用减法法则对风景园林建筑进行切割运算，也是建筑师常用的手法。减法就是在基本形体上，按照形式构成规律进行削减，减去原型体的某些不足部分。采用减法做设计时，是以风景园林建筑的整体为主导的，是在建筑的整体中删去一些片断。减法设计必须遵守从整体到局部的设计原则，原型的部分要占绝对的优势比例，减去的部分要遵循一定的规则，相对来说比例要小而集中。如图4-4-3所示的马里奥·博塔设计的德国哈廷办公楼，在圆柱体的基础上进行了切削加工。又如图4-4-4所示的西萨·佩里设计的太平洋设计中心二期工程，建筑师使用了减法中的切削的方法将方体的端部去掉一部分，切削造成的缺损部位吸引人们的视线，打破了规则几何体的平静稳定，给整个建筑造型带来生机。

图4-4-3　德国哈廷办公楼

图4-4-4　太平洋设计中心二期

4.4.2.3 凹凸

勒·柯布西耶在《走向新建筑》中写道，"凹凸曲折是建筑师的试金石。他被考验出来是艺术家还是工程师。凹凸曲折不受任何约束。它与习惯、与传统、与结构方式都没有任何关系，也不必适应功能的需要。凹凸曲折是精神的纯创造，需要造型艺术家。"

在风景园林建筑设计时运用凹凸的设计手法来丰富建筑体形的变化，从而增强建筑物的体积感。凡是向外凸起或向内凹入的部分，在阳光的照射下，都会产生光影的虚实的变化，这种光影变化，可以在风景园林建筑立面上构成美妙的图案。很多建筑师十分注意利用凹凸关系的处理来增强建筑物的体积感。他们运用的手法很多，但最根本的一条原则就是：利用各种可能使门、窗开口退到外墙的基面以内，这样就使得外露的实体显得很深，这种深度给人的感觉好像是墙的厚度，但实际上却大大地超过墙的厚度。如图4-4-5所示的深圳市某酒店，建筑师以标准客房单元为造型元素，窗户向外偏心凸起并做导角处理，与墙面平滑相接，形成四种基本模数，再通过重复、旋转、镜像，变异等手法排列出动态变化的三维立体效果。在运用凹凸的造型手法时，还可以把凹凸与虚实双重关系结合在一起考虑，不仅可借凹凸的处理来丰富建筑体形的变化，而且还可借虚实的对比获得效果，从而增强建筑物的体积感。

图4-4-5　深圳某酒店立面处理

4.4.2.4　重复

重复是通过不同角度，以不同的组合方式表现同样的形状。重复使单体变为组合体，使有个性的单体的性格特征进一步加强。重复不仅强化了个体的性质，而且通过它们的相互作用，造成群体的综合效果。这种组合方式上表现形式通常有两种，一种是平接，另一种是咬接。平接时，连接关系明确，各单位具有相对性，这样的建筑形体表情明快、富有节奏。如图4-4-6为美国纽约的门罗社区学院，在建筑的立面上，设计者将巨大的方窗作为立面语汇的重点，采用了相似的方窗重复的形式，充分体现了建筑的韵律美感。咬接是将同一或近似的单一体相互交错咬合，其特点是具有整体感，各部分关系明确，形象丰富，有机统一。如图4-4-7所示的圣地亚哥·卡拉特拉瓦设计的巴伦西亚科学城，设计师将构件的繁复作为追求结构美感的手段，将建筑的构件重复运用，构件之间交错咬合，形成建筑的韵律美感，这种纯粹的结构重复甚至比许多的其他的设计手法更能打动人心。

4.4.2.5　穿插

穿插是一种相交的形态。穿插可以是面与体穿插或是体与体穿插；可以是相同形穿插或是异形穿插；也可以是虚实两部分的穿插，实的部分环抱着虚的部分，同时又在虚的部分中局部地插入若干实的部分，这样就可以使虚实两部分互相穿插，构成和谐悦目的图案。穿插因对象、部位、方向的不同可以形成千姿百态的变化，从而为风景园林建筑造型带来广泛的机遇。例如图4-4-8所示的长城脚下公社，建筑的各形体造型相互穿插在一起，既规律又不显得凌乱。图4-4-9所示的巴西360°全景公寓，建筑立面是由长方形的体块构成，这些体块彼此间穿插交替，形成丰富的形式句法。

图 4-4-6 纽约门罗社区学院

图 4-4-7 巴伦西亚科学城

图 4-4-8 长城脚下公社

图 4-4-9 巴西 360° 全景公寓

4.4.2.6　旋转

旋转是把一个或者几个部分围绕一个中心运动的概念性过程。所有旋转部分可能有同一个旋转中心，但也不一定是同一个。在造型设计中用旋转的方法可以改变形式空间的方向，以适应不同的环境对应关系，并以此为契机构成形体空间的变化。如4-4-10所示的圣地亚哥·卡拉特拉瓦设计的瑞典马尔默市旋转大厦，建筑极具特色。大楼高190.3m，总共53层，建筑外形由9个立方体组成，每个立方体按照顺时针扭转一定的角度，整栋大厦一共旋转90度，犹如一枚螺旋钉，造型别致前卫。圣地亚哥·卡拉特拉瓦的旋转设计独特，灵感来自一件扭动的身体形态的人体雕塑，所以大厦看上去就像人体扭动腰肢的优雅姿态，自然、完美的展现了女性纤细的体态。

图4-4-10　瑞典马尔默市旋转大厦

4.4.2.7　断裂

断裂是通过对完整形态有意识地进行断裂破坏，激发观者的艺术参与愿望。用断裂的手法可以突破过分完整形态的封闭和沉闷，通过断裂形成的残缺美往往会给人留下独特深刻的印象。断裂法虽然突破了规则的形态，却没有从根本上摧毁规则形整体的秩序感，这种个别的、局部的破损只反映自由对规则的对立与抗争。断裂法的宗旨在于兼得规则的秩序感和自由变化的生动魅力。如图4-4-11所示弗兰克·盖里设计的美国麻省理工学院的雷与玛利亚史塔特科技中心，其摇摇欲坠的墙壁和骤然下降的曲线使人联想到地震破坏后的情景。盖里在发展怪诞、破败的审美情趣方面可谓独树一帜，他从"反建筑"的概念出发设计了一系列的坍塌、破落的建筑形象。除了上述建筑案例外，还有美国休斯敦BEST超市等建筑作品（图4-4-12），他们用虚构的灾难、坍塌等形象反对古典式的完美。

(a) 外观   (b) 室内

图4-4-11 雷与玛利亚史塔特科技中心

图4-4-12 美国休斯敦BEST超市

4.4.2.8 拉伸

拉伸是从整体中拉出一部分的造型手法。拉出去的部分有吸引注意力的作用，容易成为重点和趣味中心，拉出去的部分与整体的衔接处也是趣味所在，这部分会由于衔接方式的不同形成有表现力的造型和特异空间，拉出去的部分与整体之间形成的开口也是富有表现力的部位。如彩图4-4-13所示的扎哈·哈迪德设计的美国辛辛那提当代艺术中心，在建筑立面的边缘部位拉伸出一个黑色的长方体块，成为建筑的视觉中心，设计师通过几何形体的冲突碰撞、色彩的对比等手法赋予建筑以表现力和个性。

本章思考题

1. 试述风景园林建筑立面设计需要遵循的原则。
2. 为什么相同大小的花瓶在不同背景下给人的感觉不一样大？是什么视觉原理？
3. 试述母亲别墅立面设计运用了什么样的比例尺度。
4. 对称式构图会给人带来什么样的感受？试举例分析。
5. 中国的塔具有什么样的视觉形式美？
6. 风景园林建筑的整体形态可以分解为哪几种基本形式？
7. 风景园林建筑立面设计有哪些具体手法？

5　风景园林建筑细部设计

5.1　入口空间设计

入口是建筑物不可缺少的基本元素之一。古语云："凿户牖以为室。"可见自建筑诞生之日起，入口就始终是建筑不可分割的一部分。建筑没有入口就无法使用，也不会称之为建筑。随着人类需求的增长，建筑在不断进步，入口也随着建筑的发展而愈加复杂多样。建筑入口是建筑中的活跃要素，它没有过于严格的功能限制，给予建筑师的是相对自由的创作天地，或是画龙点睛，或是独具匠心。即使单调乏味、索然平凡的建筑，如果配合恰到好处的入口空间设计，也会变成富于创造性的艺术作品。

建筑入口空间作为室内外空间的连接点与分界点，控制着这两种不同空间的转换，是形成空间序列性与节奏性的关键所在。这一特殊地位确立了建筑入口的发展趋势：向外扩张以试图融合于街区广场等外部空间，对内控制人的流线以展示各种性格的建筑内部空间，建立起多元化、立体化的建筑入口。

5.1.1　古典建筑的入口

5.1.1.1　西方古典建筑入口

建筑入口真正被发展成为某一种模式是在古希腊，在立面造型上，高大的柱子顶着三角形山花，这种形式称为古希腊式建筑入口。例如雅典卫城中比例最完美的杰作帕提农神庙，其入口位于东侧的山墙面，通过高大但细部精致的门廊穿过正中开阔的门洞进入内部（图5-1-1）。另外，它的入口还有一个值得推崇的处理手法，即为补偿一定的视差，采用一些校正法，如透视上的缩小、直线取曲线等。

古罗马时期，入口形式的特点是拱券结合柱式。罗马大斗兽场是一个椭圆形建筑，其入口融进立面的连续构图之中，下面三层设拱廊，分别饰以多立克、爱奥尼、科林斯柱式，人们可以通过底层的拱券进入（图5-1-2）。而到了罗马风时期，半圆形罗马式入口已经成为构图完整、非常独立突出的入口形态。法国的圣特洛菲姆教堂西大门，是按凯旋门形式改进的，

图5-1-1　帕提农神庙

图5-1-2　罗马大斗兽场

半圆的拱券和古典的柱子以及丰富的装饰物，使其更加精美耐看（图5-1-3）。

哥特教堂的入口主要为尖券式，其最主要的特点是通过层层叠叠的尖券夸大建筑入口尺度，起到强调入口的作用，同时具有引导性和标志性。如巴黎圣母教堂的入口（图5-1-4）。

图5-1-3　圣特洛菲姆教堂西大门

图5-1-4　巴黎圣母教堂

巴洛克风格的入口类似摇滚音乐，不顾结构理性，追求新奇变化，讲究视觉效果，常常采用波浪曲线与曲面、断折层叠的檐部与山花及柱子不同疏密地排列。如意大利圣卡罗教堂，波浪形檐部前后高低起伏，凹面、凸面与圆形倚柱的相互交织使入口显得生动与醒目（图2-3-12）。

古典主义建筑入口表现理性的美，其代表作是巴黎卢浮宫的东立面，采用横三段与纵五段的手法，中央入口部分采用凯旋门式的构图，柱廊为双柱，上部有山花，庄重宏伟（图5-1-5）。

纵观历史上国外建筑入口形态，多样性是主要特点，但仍有主流方向可循：门廊为过渡空间，偏重于构件的形态与立面的装饰，以形成丰富的外观形象。如果将之抽象简化，可以得到三种典型的入口符号，即三角形、半圆拱及矩形（图5-1-6）。

图5-1-5　巴黎卢浮宫

三角形

半圆拱

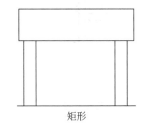

矩形

图5-1-6　三种典型的入口符号

5.1.1.2　中国古典建筑入口

就单体建筑来讲，中国古典建筑入口是比较简单的，一般由中间的一个或几个开间设置门，屋檐和围廊作为过渡空间，而且可以说是千篇一律，甚至千年一律。即便是最高等级、最突出皇权威力的故宫太和殿，其单体建筑入口的处理也不过是中间的开间略宽于其他（图5-1-7）。但是入口在中国建筑体系中所起的作用远远不至于此。

图5-1-7　故宫太和殿入口

　　"门堂之制"是古代规定的一种建筑形制。这种形制确立之后，中国建筑就很少出现以独立的单体建筑作为一个建筑物的单位，取而代之的是建筑组群。作为组群和庭院出入口的门，晋级为与殿堂楼阁并列的建筑类型，并成为平面组织的中心环节，称之为单体门。从构成形态看，中国传统的单体门可分为墙门、屋宇门、牌楼门及台门四种（图5-1-8）。

　　中国建筑的单体门可以组织序列层次的展开与结束，成为交换封闭空间景象的一个转换点。每一道门代表每一个以院落为中心的建筑组群的开始，或者说是前面一个组群的终结，以此来控制庞大的建筑群落布局的节奏和韵律。北京故宫主轴线的空间序列被认为是建筑史上最佳的时空构成作品。它是依靠一系列贯穿的单体门来实现的，从大清门开始，依次是天安门、端门、午门、太和门、乾清门、坤宁门、以神武门结束紫禁城的布局。而其中最精彩的是从天安门到太和殿，经过四个不同形式的封闭空间，由窄到宽，从低到高，由小到大，通过这些变化引出建筑群的主体建筑太和殿，并用多重台阶烘托太和殿的宏伟高大，将人性空间演变成为王权与神权的空间（图5-1-9）。

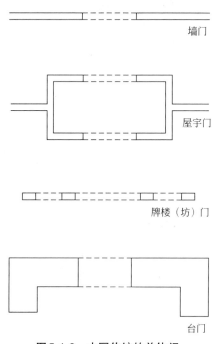

图5-1-8　中国传统的单体门

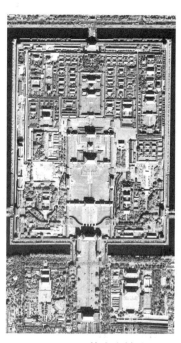

图5-1-9　故宫主轴线

5.1.2 形态属性

建筑入口具有自身特有的形态属性，即开放性、标志性与归属性。

5.1.2.1 开放性

建筑体系的时空连续性要求不同空间包括室外与室内可以转换并保持流动，而入口的开放性这一基本属性，其作用正在于此。如果建立一个简单的空间层次——"外部 A —内部 B"，讨论外部 A 空间进入内部 B 空间的过程，很显然二者之间便是一个入口，它可以进入并且欢迎进入（图 5-1-10）。入口的开放性是收束式的开放。如外部 A 空间与内部 B 空间之间须有一个实体分隔，入口只是其中的一个开口，较大的外部 A 空间到这里受到瓶颈效应的影响，收束地进入入口，再转换成另一个较大的内部 B 空间。对于单体建筑，分散人流在建入口处集中，进入建筑后再分散到各个角落，或是走出建筑后汇入城市空间。哈尔滨圣索菲亚教堂位于拥挤的城市街区，入口广场布置了绿化及座椅，吸引了大量人流集聚，在建筑内部举行活动时，人流在层叠的圆拱入口下收束，有次序地尽如其中（图 5-1-11）。

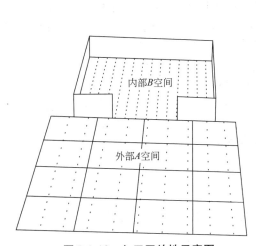

图 5-1-10 入口开放性示意图

图 5-1-11 圣索菲亚教堂

5.1.2.2 标志性

为了使想进入建筑的人们容易地找到入口，做好入口标志是十分重要的。有两种处理方式可使建筑入口达到标志性的目的。

其一，建筑入口实体本身具有可识别性，即具有与众不同的形体，具体手法为做成某些符号或进行重点装饰，使入口与建筑单体之间形成图底关系。如某住宅主体处理简单而平凡，在整条街道上，砖墙方窗随处可见，它的入口则犹如点睛之笔，配置着细致精美的白色花饰，激活了整个建筑，使平淡的空间变得充满生机活力（图 5-1-12）。

其二，依靠调整空间的秩序来强调入口的位置，改变界面的围合，利用地面的高差或者其他方法让空间产生突变，以此来引人注意。这种情况下，入口与某些空间结合形成虚形态，而建筑单体作为实形态，二者之间为虚实关系。如某临街建筑底层界面退后与街道，较深的凹入建筑体量，获得一个宽敞的可以到达的空间，并且在阳光与阴影的强调下，与主体墙面形成强烈的反差（图 5-1-13）。

5.1.2.3 归属性

入口归属于建筑，建筑归属于环境。三者的关系是局部与全部、个体与全体的关系。

图5-1-12　某住宅入口

图5-1-13　某建筑入口

首先，入口是属于建筑的一部分，它须与建筑的性质及风格保持一致。尽管入口可以千变万化，但不能迷失设计方向，不能为了追求新潮的形式或其他借口，就牺牲建筑的功能，或破坏建筑的整体形象。台湾养慧学校是一所宗教性质的建筑，简洁的造型与朴素的材料是建筑物的主要精神。它在入口区域设置一个简单的空间来保证交通，并有一个长方形的标志牌在立面上生长着，不仅延续了朴素简洁的气氛，更进一步充实了与建筑物相符的内涵（图5-1-14）。

图5-1-14　台湾养慧学校

其次，入口是建筑与外界全面联系的唯一开口形式。它的形态组织直接影响区域的社会与文化环境，所以建筑入口在平面组织、空间布局等方面应与区域环境相适应，不仅保证原有的人车流线、绿化、文化习惯等不受到新的破坏，甚至还能调整改进原来的不合理之处。

5.1.3　构成要素

5.1.3.1　门

建筑入口的门是可以活动的要素。根据疏散的要求，通常的门为向外开启的平开门。某些特殊的场合，还有应用新技术制作的门，如感应门、转门等。

建筑入口的门是与人联系最紧密、最频繁的要素，其体量的尺度、材料的色彩与肌理、制作工艺的精细与否都很大程度地影响建筑入口形态的视觉与触觉感受。如小框不锈钢的转门与点式连接的玻璃门，给人通透、清爽及高科技的印象（图5-1-15），而实木厚框、精致线脚的木门，则给人稳重、大方及古典的感觉（图5-1-16）。

图5-1-15　玻璃门

图5-1-16　木框门

5.1.3.2　门口处界面

门口处的界面是内部空间与外部空间明确的分解处。它对内是门厅的围护结构，对外是建筑外部形态的表现媒介。门口处的界面有两种处理方式：一种是实体墙面，突出表现材料本身的色彩、肌理、光泽等特性及材料之间不同的搭配（图5-1-17）；另一种是透明隔断，如各种玻璃等，在视觉上将室内室外的景观联系起来，使之相互渗透，形成丰富的层次感（图5-1-18）。

图5-1-17　西藏林芝南迦巴瓦接待站　　　　图5-1-18　福特沃斯现代美术馆入口

5.1.3.3　雨篷及门廊

雨篷是出挑于建筑物的为了遮阳挡雨设置的一种构件（图5-1-19）；而雨篷出挑过多，在边沿设柱则形成门廊（图5-1-20）。在较远距离的视点，雨篷及门廊在很大程度上影响着入口形态的整体效果。

图5-1-19　雨篷　　　　　　　　　　　　图5-1-20　门廊

雨篷及门廊提供一个空间，为人们转换室内与室外场所提供必要的缓冲地。在这个有遮蔽的空间里，人们等候或送别客人、整体衣帽、收拾雨具等。

雨篷及门廊强调形象的变化，形成丰富的光影虚实效果，并且通常被处理成符号，成为多数建筑入口中经常采用的一种造型要素。

5.1.3.4　台阶及坡道

台阶是为了解决室内外高差而设置的，坡道则更有利于安全和快速疏散，并可满足车辆的通行，包括残疾人专用的车辆。在竖向设计中建筑入口与建筑呈高差或立体关系时，需上升或下降一定的高度才能进入建筑内部，导致台阶或坡道的加大、加长，成为入口处非常突出的引导要素（图5-1-21）。这种情况的形成不仅仅是因为地形或功能的要求，有时是为了精神上的需要，起到渲染与烘托某种特定气氛的作用。

图5-1-21　入口台阶

标志构件——雕塑、喷泉水池等；
展示构件——标识牌、广告牌等；
休息构件——桌椅、坐凳等；
安全构件——护栏、立柱等；
绿化构件——花池、花坛等；
照明构件——灯柱、地灯等。

5.1.3.5　铺地

入口处的铺地通常采用硬质铺装，综合考虑其材料的各种性质，创造异样的空间氛围，使人意识到空间的领域感。铺地材料的色彩与图案要考虑入口区域的整体风格，一般不宜过分渲染，要甘于充当背景的角色。

5.1.3.6　其他附属物

其他附属物并不是入口空间的必要组成部分，但在某些情况下，却是塑造入口形态的重要构件，作用不可忽视。它包括以下内容：

5.1.4　基本类型

从功能组织和构成要素出发，可将建筑入口分为四种基本类型，即外饰型入口、结构型入口、空间型入口和复合型入口。

5.1.4.1　外饰型入口

外饰型入口是建筑入口最基本的类型，其有以下特点：

① 外饰型入口的本体结构与装饰构件分开，二者相对独立。

② 外饰型入口具有较强的适应性与灵活的多变性。

③ 外饰型入口更多地通过一些符号来表达某种意义。具体涉及的入口符号主要有三种：图像符号、指示符号、象征符号。

入口的图像符号是通过形象相似来表达意义，如入口周围的一些花纹装饰或其他图案性的东西。如某入口门框上的彩绘图案（图5-1-22），日本德丸儿童诊所入口墙面的线形图案（图5-1-23）。

图5-1-22　某入口门框

图5-1-23　日本德丸儿童诊所入口

入口的指示符号是为基本的物质功能服务的，用指示的标志、雨篷门洞等提示入口的存在位置。指示性符号首先满足进出便利的需要，在处理上并不着重强调别的深刻含义。如金陵饭店架空深远的雨篷及端部墙面上的标徽文字，吸引视线去确认入口，引导人流进入建筑内部（图5-1-24）。

入口的象征符号具有约定俗成的象征性，如三角形山花和古典柱式、哥特教堂的尖券式入口、半圆拱形的门洞等。如台北某建筑门廊的圆拱及柱式处理，依稀可见古典的气息，而简洁的手法及现代的组合则是新的诠释（图5-1-25）。

图5-1-24　金陵饭店　　　　　　　　图5-1-25　台北某建筑

5.1.4.2　结构型入口

结构型入口是一种顺应结构选型并忠实地表现结构力与美的入口类型，直接利用建筑物本体结构表达入口的精神功能，而不是依靠其他的外加构件达到目的，这种入口常常带来震撼人心的感受。它所涉及的建筑结构有两方面：受力结构与围护结构。如高层建筑的结构柱、大跨建筑的拱形梁等，属于受力结构；张力膜、点式连接玻璃墙等，属于围护结构。如香港时代广场入口的巨大结构柱形成了非常明显的入口（图5-1-26），日本代代木体育馆巨大悬索下的入口（图5-1-27）。

图5-1-26　香港时代广场　　　　　　图5-1-27　日本代代木体育馆

5.1.4.3　空间型入口

空间型入口是以空间为主角，将围合空间作为形态处理的重点，而将界面的表层处理放在其次。例如某学校的入口，由角部方柱、弧形界面、井梁天花等围合出两层高的空间，且与弧形体量的屋顶平台保持视觉连通（图5-1-28）。

空间型入口的进入是一个过程，它可能是共时性的，也可能是历时性的。例如，在已建立的空间层次模型中，空间型入口是在外部B空间与内部A空间之间增添了X空间。这一空间无论大小，都是有别于外部及内部的空间，而这正是其他类型入口所没有的（图5-1-29）。

图 5-1-28　某学校入口

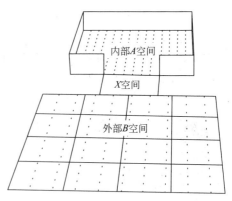

内部A空间

X空间

外部B空间

图 5-1-29　空间型入口示意图

空间型入口具有较强的场所性。它将人包围其中，控制不同流向的人流，容纳不同性质的活动，如小憩、等候、游赏等。

5.1.4.4　复合型入口

上面所分析的几种入口类型，即外饰型、结构型和空间型入口，在一定程度上是人为划分的，而现实中还有许多建筑入口形态同时具有上述两种或三种特征，可统称为复合型入口。复合型入口是几种类型的交叉组合，因此具有丰富的层次性，实体构件与空间形态相互补充、相得益彰。如北京国际金融大厦入口，弧形并倾斜的点式连接玻璃墙作为铺垫，而真正的动心之处是建筑空间之中露出的那一片天空（图5-1-30）。

图 5-1-30　北京国际金融大厦入口

通过以上分析，我们对四种类型进行比较可得到表5-1-1。

表 5-1-1　入口类型比较

组成要素 ＼ 类型	主要构成	功能内涵	美学意象
外饰型入口	外加装饰构件	交通	符号传达意义
结构型入口	建筑本体结构	交通	结构的力与美
空间型入口	围合虚空空间	交通与活动	全息的体验
复合型副口	各种手法	各种功能	多种意象

5.1.5 平面布局

从平面布局的角度分析，建筑入口与建筑的关系有连续、楔入、凸出、游离及交叉五种（图5-1-31）。

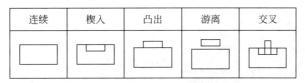

图5-1-31　建筑入口平面布局

5.1.5.1　连续

建筑入口只是在建筑单体的外部界面上开口，并不破坏建筑的几何秩序，保持视觉上的连贯一致，具有较强的整体性。建筑入口与建筑单体的平面位置重合，除了开门之外，平面上不做其他特殊的处理。

这种入口可以用图案或装饰标明位置，通过入口周围材料的颜色、肌理的变化或是构筑物的设置，使其与它所邻近的地方有显著区别。某光大银行的立面色彩稳重、构图严谨，入口处中轴线的柱式间距宽于两侧，底层是入口门扇，另外广场上设置了红色磨光理石标志墙。除此之外，未对入口做更多的强调处理（图5-1-32）。

5.1.5.2　楔入

建筑入口凹入建筑体量，将外部空间或深或浅地引入建筑的区域内。浅者形成丰富的光影虚实效果，深者形成具有个性的入口空间；或者楔入的部分将建筑穿透以达到通畅的特殊目的。这种布局方式对于城市交通有利，可缓解入口区域对街道的直接压力。如某宾馆入口及柱廊深深凹入墙面，在夜晚灯光的烘托下，流露出以退为进、张弛有序的大家风范，而丝毫不减豪华尊贵的星级气度（图5-1-33）。

图5-1-32　连续入口

图5-1-33　楔入入口

5.1.5.3　凸出

建筑的入口凸出于建筑单体，依靠雨篷及柱廊等构件，或是依靠建筑本身的体量，对建筑施以加法处理，在外部空间之中限定出入口的区域。它的优点是布置灵活、造型方便，有时候还兼具引导的功能。

某商场将位于转角处的几何构成体作为入口，凸出的部分向外迎接光临的顾客，嵌入的部分通过玻璃门引导顾客进入室内，空间中央摆设花坛及圣诞树，增添几许节日的喜庆气氛（图5-1-34）。

图5-1-34 凸出入口

5.1.5.4 游离

建筑入口与建筑主体脱离，虽然它还为建筑服务，但已独立地作为一个建筑元素而存在。建筑主体上仍然有建筑入口的原型门，二者之间通过引道直接相连。

昆仑商城住宅入口是一个轻灵秀雅的独立的圆形建筑。人们只有首先进入具有入口功能的建筑，才能穿过连廊到达住宅楼的真正入口（图5-1-35）。

5.1.5.5 交叉

建筑入口与建筑单体的关系并非这么简单，通常的情况是这些布局方式的交叉运用，以取得更加丰富的效果。

某建筑在弧形主体上切去一部分体量，然后增加一个精致典雅的方片状雨篷，且探出建筑之外，手法简洁利落，于平凡之中见功底（图5-1-36）。

图5-1-35 游离入口

图5-1-36 交叉入口

5.1.6 竖向组织

从竖向组织的角度分析，建筑入口与建筑的关系有水平、高差及立体三种（图5-1-37）。

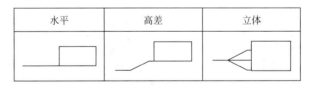

图5-1-37 建筑入口竖向组织

5.1.6.1 水平

建筑入口的室外地坪与建筑室内的基准标高保持一致，最多不能超过正常的室内外高差。人流是基本水平地进入建筑，行走路线一目了然，快捷简便，感觉亲切自然。

5.1.6.2 高差

建筑入口的室外地坪与建筑室内的基准标高有较大的高差，或是高于室内标高，或是低于室内标高。这种关系多为满足人流疏散的要求，某些特殊性质的建筑也是为了达到一定的情感效果。海门市人民法院的入口有意抬高并配合宽大的台阶，无论王子与平民都必须一步一步拾阶而上，仰头望去，公正与威严的国徽神圣不可侵犯（图5-1-38）。

5.1.6.3 立体

建筑入口处的标高设计较为复杂，可以高低错落，各得其所。它不只通过一个开口进入建筑内部，而是多口并进，且与城市的交通体系贯通，分散开密集的人流，减轻地面层的压力。台湾某建筑设有气派非凡的对称坡道，可乘车直抵二层大雨篷的入口，而坡道下面的柱廊空间是一层的出入口。它们是同一入口形态的两个组成部分，共同完成主入口的功能与职责（图5-1-39）。

图5-1-38　高差入口

图5-1-39　立体入口

5.2　墙体及柱式设计

5.2.1　墙体的作用和类型

5.2.1.1　墙体的作用

墙体是建筑物的重要组成部分，它既可以是承重构件又可以是围护构件。当它承受房屋的屋顶、楼板、陈设、人物等荷载及本身自重荷载，并将这些荷载传递给基础时，是承重构件；当它担当遮风挡雨、保温隔热、防火安全、防止噪声的作用时，是围护构件。由于目前经济形势和使用要求不断变化，建筑的结构形式是以框架为主体取代了以砖结构为主体的格局，墙体更多地从承重结构的作用中解脱出来，灵活地充当围护分隔的作用。

5.2.1.2　墙体的类型

（1）按墙体所在位置分类

墙体按照其所处的位置可以分为外墙和内墙。

外墙位于房屋的四周，能抵御大气的侵袭，保证内部空间舒适，又称为外围护墙。

内墙位于房屋的内部，主要起到分隔内部空间的作用。

（2）按墙体受力状况分类

在混合结构建筑中，按墙体受力方式分为承重墙和非承重墙。

承重墙直接承受楼板及屋顶传下来的荷载。为了保证结构的合理性在选用墙体承重的结构体系时，上下承重墙必须对齐。

非承重墙不承受外部荷载，非承重墙又可分为两种：一是自承重墙，不承受外来荷载，仅承受自身重量并将其传至基础；二是隔墙，起分隔房间的作用，不承受外来荷载，并把自身重量传给梁或楼板。

（3）按墙体布置方向分类

墙体按其方向可分为纵墙和横墙。

沿建筑物长轴方向布置的墙体称为纵墙。

沿建筑物短轴方向布置的墙体称为横墙，房屋有外横墙和内横墙，外横墙通常被称为山墙。

（4）按墙体结构和施工方法分类

按墙体结构和施工方法可将墙体分为块材墙、板材墙及板筑墙。

块材墙是用砂浆等胶结材料将砖石块材等组砌而成的，如砖墙、石墙及各种砌块墙等。砖墙是由砂浆等胶结材料将砖块砌筑而成的砌体，砖按材料、形状、色彩等分为很多的种类，从材料上看有黏土砖、灰砂砖、水泥砖以及各种工业废料砖。石墙可分为平整石墙、乱石墙和包石墙三种，平整石墙所采用的石料是外形经过加工、较为规整的石块；乱石墙所使用的材料是未经加工的石块，大小、形状不一，按石块不同有片石墙、虎皮石墙及快石墙等表现方式；包石墙是最常用的石墙类别，包挂的石料多为花岗石、大理石和人造石。砌块墙是用预制好的砌块作为主要构造材料，采用简单的机械吊装和砌筑而成的墙体。目前在大量民用建筑所选用的墙体填充材料中砌块类以其自重轻，施工方便快捷，整体刚度和抗震性能好等优势而占有一定的比重。砌块种类包括粉煤灰硅酸盐砌块、混凝土小型空心砌块、加气混凝土砌块、轻集料混凝土小型空心砌块等。

板材墙是建筑内外墙体均采用工厂预制和现场预制生产的板材，然后组合装配而成。一般按外墙板材本身结构材料分为单一材料和复合材料两种。单一材料承重外墙板包括钢筋混凝土空心墙板、矿渣混凝土墙板、陶粒混凝土墙板、浮石混凝土墙板、粉煤灰硅酸盐墙板等。复合材料的承重外墙是由两种以上不同体积质量的材料结合在一起的墙板。

板筑墙是在现场立模板，现浇而成的墙体，例如现浇混凝土墙等。

（5）按外墙装饰所用材料分类

① 抹灰类饰面　包括一般抹灰、装饰性抹灰，如斩假石、假面砖、水磨石、水刷石等构造做法。

② 涂料类饰面　所用材料有各种溶剂型涂料、乳液型涂料、水溶型涂料、无机涂料以及油质涂料等。

③ 贴面类饰面　包括贴面砖、锦砖、大理石、花岗石等做法。

④ 镶嵌板材类饰面　包括金属和塑料装饰板、玻璃板、玻璃镶嵌等做法。所用材料有铝合金装饰板、塑料装饰板、其他金属装饰板、水泥花格、大型混凝土装饰板、镜面板等。

⑤ 幕墙饰面　幕墙一般不承重，由于它形似悬挂在建筑物主体外部的帷幕而得名，其包括玻璃幕墙、金属幕墙、石材幕墙等做法，所用材料有钢骨架、不锈钢骨架、铝合金骨架、各种镀膜玻璃、中空玻璃、铝合金装饰板等。

5.2.2　墙体设计

墙体在建筑中的作用举足轻重，设计中首先要满足强度和稳定性的要求，保温、隔热、隔声、防火以及防潮等方面的要求。但是随着社会的发展，建筑墙体不仅仅局限于功能的使用，对其外观效果也有了更高的要求。人们对建筑的感觉往往与建筑墙面装饰所产生的视觉反应有着很大的关系。建筑墙面的装饰很大程度上是对建筑造型的进一步的艺术处理。

5.2.2.1　墙体的装饰性设计

墙体的装饰性设计体现在很多方面，诸如饰面的色彩、线条、材质、肌理效果等，给环境创造了丰富多彩的建筑形象。墙体的装饰设计必须以建筑的本体为基础，才能设计出实用美观的墙体，不仅如此，建筑墙体的装饰要与周边的环境协调，使建筑墙体成为建筑环境中的有机组成部分。

（1）墙体装饰的肌理效果

肌理就是物质表面的纹理。如图5-2-1所示的赫尔佐格和德梅隆设计的尼克拉工厂和仓库，这个工厂建筑的短边是由黑色混凝土建成的，两个长边的墙是可以透光的，提供了稳定而令人愉悦的过滤的日光。印有图案的聚碳酸酯的外立面提供了这种柔和的光线，这些面板使用丝网印刷的方式印着重复的图形。从里面看，这个面板产生了窗帘的效果，像织物似的，与外面的森林和灌木产生了联系。从外面看，外立面上这个半透明的印刷面板和挑出屋顶再次使人联想到织物，就像衣服的衬里或盒子里的填充物。

图5-2-1　尼克拉工厂和仓库

　　赫尔佐格和德梅隆设计的作品往往没有什么复杂的空间、惊人的建筑形态，它们重视的是外墙的真实的表皮效果。再如赫尔佐格和德梅隆设计的德国埃伯斯沃德技术学院图书馆（图5-2-2）。混凝土砌块和玻璃上的图像印刷隐喻了建筑物的功能，重复印刷效果所形成的肌理效果在这里是第一性的。他们的视觉吸引力超越了边缘，使原本一般的形体显得非同一般。

　　（2）墙体的色彩效果

　　现代建筑造型注重环境的整体效果，注重绿化与色彩格调的融合，浅色外墙点缀以深色装饰物会显得比较得体，恰到好处。如彼得·埃森曼设计的美国阿郎诺夫设计艺术中心（图5-2-3），造型上各种体量的变化穿插固然是此建筑取得整体感觉的重要因素，但墙面如果少了浅紫色、土红色、赭石色与深浅不同的灰色混凝土的运用，无疑会使整个建筑的视觉冲击力大打折扣。具体的色彩表现及处理手法见本章第5节的内容。

图5-2-2　埃伯斯沃德技术学院图书馆　　　　图5-2-3　阿郎诺夫设计艺术中心

　　（3）墙体构造的美感

　　建筑墙体构造产生的美感来自于两个方面：一种是注重前提的构造性美感；另一种是注重墙体的雕塑性美感。如西班牙建筑师圣地亚哥·卡拉特拉瓦设计的里昂国际机场火车站（图5-2-4），由于卡拉特拉瓦拥有建筑师和工程师的双重身份，他对结构和建筑美学之间的互动有着准确的把握。他认为美态能够由力学的工程设计表达出来，大自然中的林木虫鸟有

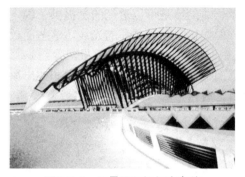

图5-2-4 里昂国际机场火车站

着让人惊讶的力学美。所以，卡拉特拉瓦的许多作品设计灵感都来源于大自然、动物的脊椎、羽毛还有贝壳。里昂的这个火车站，鸟的轮廓是建筑的外形，虫类的骨骼和表皮的形状以及纹路被抽象出来当做天棚和墙面的装饰，充分利用动物骨架的结构原理，具有醒目性和高张力的视觉效果，建筑仿佛骨骼一般，单体的排列组合，大型的体量，给人一种强烈的视觉冲击。又如伍重设计的悉尼歌剧院（本书第3章图3-1-29），建筑的外墙体造型犹如贝壳，建筑具有雕塑感，从而体现了建筑构造的雕塑性美感。

（4）墙体的虚实对比

在对墙体设计时可以运用凹凸变化的设计手法，使墙面产生虚实变化。如贝聿铭先生设计的美国华盛顿国家美术馆东馆（本书第3章图3-1-12）利用体量的插接关系与光影变化来产生虚实对比的美感。贝聿铭在设计东馆的时候，没有像老式建筑那样追求繁复的线脚和装饰壁柱，而是强调现代建筑的简洁与高效突出体积感。东馆的造型处理就是通过各种体量之间纯粹的形体表现来反映设计思想，是一个有高有低、凹凸起伏、有钝角锐角的体块间的丰富组合。墙面有实有虚，以实为主。柱与柱之间由于组合拼插而形成许多宽窄不一的凹缝以及角度不同的墙面转折。这些不同的转折墙面和凹缝在阳光的照射下，呈现出明显的虚实明暗变化。正是在这种由几何体块穿插组合所产生的虚实对比中，东馆找到了一种属于自己的富于变化、新鲜活泼的现代表现手法。

5.2.2.2 墙体的设计方法

（1）确立建筑的本质属性

可以把装饰看作是建筑师所要表达设计意图的信息载体，是一种特殊的语言和符号。建筑师在设计时，有意识地运用色彩、线条等装饰语汇对墙面进行艺术处理，将设计所要表达的含义和反映的内容展示于人，就是这里所说的确立本质属性。如汉斯·霍莱因设计的Schullin珠宝店（图5-2-5），珠宝店的外立面是大面积的抛光绿色石材，在光线的作用下晶莹璀璨，营造了高贵典雅的气氛。店面中部被撕裂开来的墙好像是剖视了石材的内部，提醒了人们珠宝的由来。整个入口部分的处理紧紧抓住了人们对于珠宝个性的认识作为设计的立意出发点，将建筑的本质属性完美地刻画出来。

（2）选择恰当的装饰语言

现代装饰材料的异彩纷呈丰富了建筑外装饰的题材。建筑师可以根据设计的想法大胆而合理地使用色彩、造型等设计要素。如高技派建筑师常常选用钢、玻璃等坚硬冷峻的现代材料作为墙面材料，突出连接点地处理，展现现代技术手段与艺术的完美结合。如香港汇丰银行总部大楼（图5-2-6）合理利用材料，顺应结构规律并兼顾到建筑的人性和美感，体现了"凡是技术达到最充分发挥的地方，它必然达到艺术的境地。"

（3）注重光影效果

建筑物是静止不动的，而墙面上的阴影则是随光线的变化而改变的，阴影可以使建筑物的轮廓感更加突出，它随光线照射角度的改变而改变的性质又为建筑带来了生气。值得注意的是，光影除了阴影的利用之外还包括光线的利用，设计使考虑光环境的变幻往往会产生意想不到的效果。如理查德·迈耶设计的罗马千禧教堂（图3-1-11），三座大型的混凝土翘壳看上去像白色的风帆，玻璃屋顶和天窗让自然光线倾泻而下。建筑与周围环境有机结合，特别是三片弧墙是设计的闪亮一笔。"白"是迈耶建筑不可缺少的元素，而白的墙就像画纸，光影就在其上自由地作着移动的图画。又如安藤忠雄设计的光的教堂（图5-2-7），该教堂以一个素混凝土矩形体量为主体，在圣坛后面的墙面上切出一个十字形开口，白天的阳光和夜晚的灯光从教堂外面透过这个十字架开口射进来，在墙上、地上拉出长长的阴影。只因有光的存在，这个十字架才真正有意义。

图5-2-5　Schullin珠宝店

图5-2-6　香港汇丰银行总部大楼

图5-2-7　光的教堂

（4）隐喻的手法

现代建筑外墙的装饰内容除去纯装饰性外，还应与城市及其有关的文化内涵的总体构思相适应，强调城市的文化情趣，体现一定的文脉关系。对此，建筑师可以运用大量的装饰喻义来表现设计的对象。隐喻的手法可分为具象的隐喻和抽象的隐喻。所谓具象的手法就是用具体的形象作为装饰符号，来代表该建筑的所有者如公司的名称、经营项目、服务对象等相关事物。如弗兰克·盖里设计的日本神户鱼舞餐厅（图5-2-8），中的鱼。这样的设计一目了然，通俗易懂，但是有些设计过于具象而过于庸俗化，如天子大酒店（图5-2-9）。

抽象的手法是把具象的形象提炼到超脱现实之外的几何体的表现，或将形体与人的感受相联系以期产生心灵上的共鸣，因此抽象艺术形象往往具备夸张、概括、精简等特点，并能因起观察者心理上的联想。由于抽象在外观上较具象形象更简练、更具时代感，因此运用十分广泛。萨里宁的纽约环球航空公司候机楼，一座鸟形的建筑，象征飞机航班（图3-1-24）；柯布西耶的朗香教堂（图2-4-2）隐喻船、神父的帽子等，都是抽象隐喻的极佳例证。

图5-2-8　日本神户鱼舞餐厅

图5-2-9　天子大酒店

5.2.3　柱式的概念及分类

5.2.3.1　柱式的概念

柱式是一种建筑结构的形式。它的基本单位由柱和檐构成。柱可分为柱础、柱身、柱头（柱帽）三部分。由于各部分尺寸、比例、形状的不同，加上柱身处理和装饰花纹的各异，而形成各不相同的柱子样式。

在中国古代，柱子是建筑中主要承受轴向压力的纵长形构件，一般呈竖立状，用以支撑梁、枋、屋架。柱子通常用木材、石材、砖等建成。而西方古典柱式是从石材梁柱结构的建筑形式中不断发展而演变出的规范化的造型艺术形式，这些柱式从整体比例到细部线脚、装饰花纹等都形成一定的规范样式。柱式的选用决定了整个建筑的风格，西方柱式更注重其外在形式的艺术化。

柱式的主要作用就是支撑建筑物的重量。但是现代建筑中的柱式是指在柱子的基础上以装饰文化为特征的建筑构件。也就是在解决了建筑的承重问题后，柱式更多地被赋予形式多样的艺术内涵，成为现代建筑造型设计中的重要组成部分。如考恩尼设计的荷兰建筑协会总部大楼（图5-2-10），架在玻璃盒子上带有夸张意味的巨大支柱，起到了很强的装饰作用。

5.2.3.2　中国古典建筑柱子分类

中国古典建筑中，柱子的种类可按所处位置、所起作用、式样、内部构造等方面划分。

① 按所处位置分类　可分为檐柱、金柱、中柱、山柱、角柱、童柱等（图5-2-11）。檐柱是指檐下最外一层的柱子；金柱是指檐柱以内的柱子；山柱是指山墙正中一直到屋脊的柱子；中柱是指在纵中线上，不在山墙内，上面顶着屋脊的柱子；角柱是指位于建筑转角部位，承载不同角度的梁枋大木的柱子；童柱是指立在梁上的短柱，下端不着地，上端的功能与檐柱、金柱相同，也称为瓜柱。

图5-2-10　荷兰建筑协会总部大楼

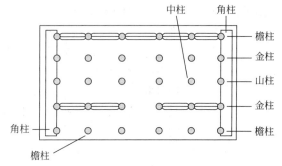

图5-2-11　中国古建柱子示意图

② 按构造作用的不同分类　可分为望柱（图5-2-12）、垂莲柱（图5-2-13）等。望柱也称栏杆柱，是栏板和栏板之间的短柱。望柱分柱身和柱头两部分，柱身各面常有海棠花或龙纹装饰，柱头的装饰花样繁多，常见的有龙纹、云纹等。垂莲柱是在垂花门麻叶梁头之下的一对倒悬的短柱，柱头向下，头部雕饰出莲瓣、串珠等形状。

图5-2-12　祈年殿望柱

图5-2-13　垂莲柱

③ 按式样的不同分类　可分为圆柱、八角柱、方柱、梭柱、瓜楞柱（图5-2-14）、束莲柱（图5-2-15）、蟠龙柱（图5-2-16）等。

④ 按内部构造分类　可分为单柱、拼合柱等。

图5-2-14　瓜楞柱

图5-2-15　束莲柱

图5-2-16　蟠龙柱

5.2.3.3　西方古代柱子分类

① 按柱式分类　可分为古希腊柱式和古罗马柱式。

古希腊柱式包括爱奥尼式、多立克式以及科林斯式（图5-2-17），另外还有人像柱（图5-2-18）。

多立克柱式是希腊古典建筑的三种柱式中出现最早的一种（公元前七世纪）。多利克柱式一般都建在阶座之上，特点是比较粗大雄壮，没有柱础，柱身有20条凹槽，柱头是个倒圆锥台，没有装饰，建造比例通常是：柱高与柱直径的比例为6∶1，雄健有力，象征男性美，所以多立克柱又被称为男性柱。著名的雅典卫城的帕特农神庙（图5-2-19）即采用的是多立克柱式。

爱奥尼柱式（或爱奥尼亚柱式）起源于公元前六世纪中叶的爱奥尼亚，小亚细亚西南海岸和岛屿。爱奥尼柱式通常竖在一个基座上，特点是柱身有24条凹槽，柱高是其直径的8～9倍，柱头有一对向下的涡卷装饰，富有曲线美。由于外形比较纤细秀美，爱奥尼柱又被称为女性柱。爱奥尼柱由于其优雅高贵的气质，广泛出现在古希腊的大量建筑中，如雅典卫城的伊瑞克提翁神庙（图5-2-20）。

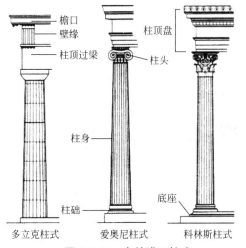

图 5-2-17　古希腊三柱式

檐口
壁缘
柱顶过梁
柱身
柱础

多立克柱式

柱顶盘
柱头

底座

爱奥尼柱式　科林斯柱式

图 5-2-18　人像柱

图 5-2-19　帕特农神庙

图 5-2-20　伊瑞克提翁神庙

科林斯柱式是公元前五世纪由建筑师卡利漫裘斯发明于科林斯，此亦为其名称之由来。它实际上是爱奥尼柱式的一个变体，两者各个部位都很相似，比例比爱奥尼柱更为纤细，只是柱头以毛茛叶纹装饰，而不用爱奥尼亚式的涡卷纹。毛茛叶层叠交错环绕，并以卷须花蕾

图 5-2-21　宙斯神庙

夹杂其间，看起来像是一个盛满花草的花篮被置于圆柱顶端，其风格也由爱奥尼式的秀美转为豪华富丽，装饰性很强。但是科斯林柱式在古希腊的应用并不广泛，雅典的宙斯神庙采用的即是科林斯柱式（图5-2-21）。

罗马人继承了希腊柱式，根据新的审美要求和技术条件加以改造和发展，他们完善了科林斯柱式，广泛用来建造规模宏大、装饰华丽的建筑物，并且创造了一种在科林斯柱头上加上爱奥尼柱头的混合式柱式，更加华丽。他们还改造了希腊多立克柱式，

并参照伊特鲁里亚人传统发展出塔斯干柱式。这两种柱式差别不大，前者檐部保留了希腊多立克柱式的三陇板，而后者柱身没有凹槽。爱奥尼柱式变化较小，只把柱础改为一个圆盘和一块方板。塔斯干、罗马多立克、罗马爱奥尼、罗马科林斯和混合柱式，被文艺复兴时期的建筑师称为罗马的五种柱式（图5-2-22）。其风格的差异远比希腊爱奥尼和多立克两种柱式的差异为小，因而失去了鲜明性。

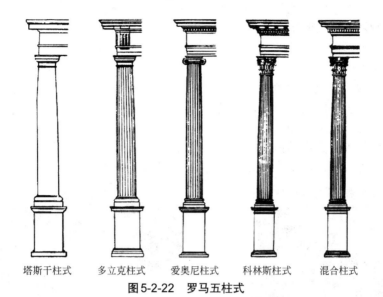

| 塔斯干柱式 | 多立克柱式 | 爱奥尼柱式 | 科林斯柱式 | 混合柱式 |

图 5-2-22　罗马五柱式

② 按所处的位置分类　可分为壁柱、倚柱等。壁柱虽然保持着柱子的形式，但它实际上只是墙的一部分，并不独立承受重量，而主要起装饰或划分墙面的作用，按凸出墙面的多少，壁柱可分为半圆柱、3/4 圆柱和扁方柱等。倚柱的柱子是完整的，和墙面离得很近，主要也是起装饰作用，倚柱常常和山花共同组成门廊，用来强调建筑的入口部分。

③ 按柱子的外在形式分类　可分为巨柱、双柱、叠柱等。巨柱是指两层以上的建筑在外立面上柱子贯通整个高度；双柱是指两个柱子并在一起；叠柱是指将柱子按层设置，使建筑外立面构图富于韵律感。

5.2.3.4　现代建筑中柱子分类

① 按结构材料分类　可分为木柱、混凝土柱、钢结构柱等。木柱多用于小型的木结构建筑物中，如仿古小亭或具有东方民族特色的建筑中；混凝土柱具有良好的抗震性和防火性，整体性好，强度高，主要在高层或多层建筑中广泛使用；钢结构柱通常由型钢或钢板制成，钢材的强度和弹性模量较高、材质均匀，制成的钢结构柱承重能力强，安装方便，工业化程度高，施工较快，但耐锈性能和耐火性能差，需要经常维护。

② 按不同的饰面材料分类　可分为石材饰面柱、木材饰面柱和金属饰面柱。石材饰面柱是表面贴石材做装饰的柱子。如花岗岩饰面的柱子体现庄重或豪华的气势，毛面石饰面的柱子，使人感觉厚实稳重，外立面上对称布置的柱子，更有端庄的效果。木材饰面柱是表面贴薄木贴面板、胶合板等木材作装饰的柱子。木材轻质高强，弹性和韧性好，有美丽的纹理及色泽，并易于着色。金属饰面柱其表面的金属饰面品种繁多，主要有铝及铝合金制品、钢及不锈钢制品和铜及铜合金制品等。铝合金饰面板材具有轻质、高强、耐腐蚀、耐磨、刚度大等特点，而且各种复杂断面形状均可一次挤压成形，因此在柱面装饰中得到广泛的应用。如名古屋市美术馆（图 5-2-23）入口处的柱子，表面光洁的铝合金饰面柱与周围的石材立柱形成鲜明的对比，非常醒目，别具一格。

图 5-2-23　名古屋市美术馆

5.2.4 柱子的装饰设计方法

5.2.4.1 形体比例

形体比例是空间构成中的一种量度。这种量度取决于比较和比率，同时离不开具体的吃度，有了具体的尺度才具有比例的真正意义。柱子的形体比例要根据所处空间的尺寸大小。在层高较低的空间里，应采用瘦长、秀气的形体造型，使空间在视觉上显得宽松和舒适，如澳大利亚的图文巴医院在较低的主入口处的立柱倾斜、细长（图5-2-24）。在层高较高的空间里，以采用包柱等手法将形体加粗以增加空间的体积感，如国家开发银行的入口柱子，银行的门面追求一种端庄、敦实的效果，就连柱子也都是一种高而粗壮的感觉（图5-2-25）。

图5-2-24　图文巴医院入口柱子　　　　图5-2-25　银行入口柱子

5.2.4.2 色调设计

不同色调的柱子饰面既可以对空间产生不同的作用，也可以调节柱子在空间中的体积感。一般情况下，用冷色调饰面的柱子具有收缩体量的感觉，用暖色调饰面的柱子具有扩大体量的感觉。如联邦水路工程与研究学院新分院的蓝色的墙体与红色的柱子形成强烈的视觉冲突，活跃且热烈，柱子成为其中的装饰元素之一。

5.2.4.3 材料质感设计

质感是指材料表面的纹理感，不同材质的肌理可以适应各种空间的特定要求，柱子运用材质肌理的对比可以丰富空间的层次，产生各种不同的空间效果。如马赛公寓底层柱子表面采用粗糙材料，具有敦厚粗犷的感觉（图5-2-26），而IMAM市政建筑底层柱子采用表面光洁的材料，则具有灵动秀丽的效果（图5-2-27）。

图5-2-26　马赛公寓底层柱子　　　　图5-2-27　IMAM市政建筑底层柱子

5.2.4.4　造型设计

柱子的造型设计是协调其在空间中作用的有效方法。巧妙地运用线条也可以改变柱子形体在空间中的比例感觉。纵向装饰线条划分可以令粗壮的柱子稍显苗条，横向装饰线条划分可以降低柱子的高度感。如图5-2-28所示的商场入口的柱子，柱身上有竖长的凹槽造型，使柱子看起来秀气、修长。而在这样的柱子上再加上横向的装饰线就和竖长的凹槽造型有了一种互补的关系，使得柱子在修长的基础上看起来也很稳重，最终形成一种新颖的柱式造型。

也可以利用柱子作为造型的一个部分，在视觉上有效地隐藏柱子的本体，使人感觉不到是柱子，而认为是空间环境中的一个造型。如美国康涅狄克州的"石头踏板"儿童博物馆（图5-2-29），建筑物本身隐含有一个儿童游戏，由于博物馆的名称中含有两个"S"字母，因此，这里充满了S型物件，包括室外的列柱也都使用了"S"造型。如文丘里和布朗合作设计的美国休斯顿儿童博物馆（图5-2-30），采用几个高举手臂的可爱儿童的雕塑取代了支撑外廊的柱子，亲切友好而又新颖独特。

图5-2-28　商场入口的柱子　　　图5-2-29　"石头踏板"儿童博物馆　　　图5-2-30　美国休斯顿儿童博物馆

5.2.4.5　处理柱头、柱身、柱础三者关系

柱子的装饰主要集中在柱头、柱身、柱础三个部分，因此，处理好这三者之间的关系在柱子设计中十分重要。

通常情况下柱身是柱子的主体，而柱础部分要大于柱头部分。但根据空间形态的不同，柱头、柱身和柱础的大小比例会相应的有所变化。如上海金茂大厦的主楼呈塔的造型，其入口雨篷的柱子也采用了三层跌落的造型，既具有"塔"的神韵，又同主楼的造型取得呼应（图5-2-31）。柱础部分加高，既充分体现了柱子的力量感，同时也降低了空间的高度感。其柱头部分采用了与天花相近的手法，使整个空间协调统一，且有助于消除柱子过于庞大的感觉。

为了增加空间的高度感，可以减小甚至不设柱头、柱础（图5-2-32）。为了有效的降低空间的高度感，可以加大柱头和柱础的高度及体量（图5-2-33）。

在高大的建筑物中，柱子作为构件之一，其形态粗壮是不可避免的，且柱础高度甚至达到人的视

图5-2-31　上海金茂大厦底层柱子

线处。这种情况下，设计者常把柱子的柱础部分作为装饰的重点。通常柱头、柱础都饰以与柱身不同的材质、色彩，或加上精致的图案、浮雕，如此处理，既丰富了柱子本身，又能为整个空间的美化加上点睛之笔。

图 5-2-32　研究生宿舍

图 5-2-33　清华园

5.3　屋顶设计

屋顶是人类为了满足保护自身、隔绝外界侵害的需要而产生的。不同的环境下产生不同需求的屋顶形式，有的为了遮挡强烈的紫外线，有的为了遮风挡雨，有的为了收集雨水。屋顶是建筑众多构成要素中与外界接触最频繁、最暴露于外的构成要素，对于建筑的造型影响最大。

5.3.1　屋顶类型

近年来，屋面越来越成为建筑师展现才华与奇思妙想的重要部分。屋顶的形式已经突破了传统的简单模式，向更加多样化的方向发展。先后建成了一些新型的屋顶建筑，它们造型各异，色彩纷呈，令人耳目一新。

5.3.1.1　按使用材料分类

按使用材料的不同可将屋顶分为瓦屋面、金属板屋面、混凝土屋面、木屋面、玻璃屋面等。

① 瓦屋面　屋面材料采用油毡瓦、合成树脂瓦、陶瓦等材料为屋顶饰面材料，瓦屋面一般多用于坡屋顶。如南门会（彩图6-1-12），是一个公司的办公楼和规划展示馆，位置十分特殊，是现代城市向传统街区转换的节点部位。作为规划展示馆，在某种意义上讲也是整个南门的缩影，因而在建筑中也浓缩了几个南门的空间要素。山墙、小桥、屋顶、白墙等要素在自由的状态下以新的逻辑关系组合起来。材料上延续老的街区，屋顶采用青瓦屋顶，墙面以木材和白色涂料为主，在使用老材料的时候，用不同的构造方式表达，使之表现出新的建筑表情。

图 5-3-1　Bodegas Ysios 酒窖

② 金属板屋面　采用金属板材作为屋盖材料，将结构层和防水层合二为一的屋盖形式。金属板材的种类很多，有锌板、镀铝锌板、铝合金板、铝镁合金板、钛合金板、铜板、不锈钢板等。由于金属具有易于加工和弯曲的特点，多用于曲面屋顶、斜坡顶等。金属板屋面密封性好又难燃烧，是一种轻质屋面材料。如国家大剧院（图4-3-13）用金属屋顶实现了这个独特的壳体造型，壳体表面由18398块钛金属板和1226块超白玻璃巧妙拼接，营造出舞台帷幕徐徐拉开的视觉效果。再如卡拉特拉瓦设计的Bodegas Ysios 酒窖（图5-3-1），它的铝质屋顶连绵起伏，形成巨大的银色波浪。

③ 混凝土屋面　屋面材料采用混凝土为主要材料，这种屋顶形式构造简单、取材容易、

造价低廉、耐久性好、维修方便、应用广泛，此种屋顶一般多用于平屋顶的设计。如安藤忠雄设计的六甲山集合住宅（图5-3-2），灰色的混凝土屋顶与周边绿色的环境相得益彰，而且跌落的屋顶成为人们与自然环境交流，人们之间相互交流的室外空间。

④ 木屋面　使用木瓦等木材作为饰面材料的屋顶，这种屋面自然、温馨，保温节能，造型优美。虽然木材是一种可再生资源，但是大量取材会破坏环境，同时天然木材在制作成为建筑材料时还会耗费大量的人力物力，木材的运输也会耗费大量的能源，在20世纪70年代初期，木瓦屋顶的数量逐渐减少。但由于木工技术的提高与发展，木材又被再次用作了屋顶材料，也在从大型木材向小型木材的方向转变，从厚木板向薄木板的方向变化。木材这类传统的天然材料有着很强的地域性，可以在简朴当中表现出优美感。如日本建筑设计师远藤秀平的"泡泡筑M"幼稚园（图5-3-3），每个房间和木质屋顶通过混凝土盒子连接为一体。壳状屋顶是由三角形的连续层面构成；它的结构强度和几何造型给予空间设计很大自由度。这种结构系统是使用2.5m长的木梁和六角形的金属（接头）配件制作完成，工厂预制，现场装配。

图5-3-2　六甲山集合住宅

图5-3-3　"泡泡筑M"幼稚园

⑤ 玻璃屋面　玻璃屋面往往采用玻璃和钢材相结合，这种屋顶形式可塑性强，结构轻盈纤细，强度大，适用于跨度较大，造型多变的屋顶造型。同时玻璃透光性能好，又具有很好的耐腐蚀性，使用玻璃作为屋顶材料不仅能满足采光的需要，而且可以获得良好的室内空间。随着技术的不断进步，夏季炎热地区可以在玻璃采光顶表面涂上可反射涂层，冬季寒冷地区可以使用双层玻璃，以调节室内小气候。如日本京都美秀博物馆（图5-3-4），采用的是日本传统的坡屋顶样式，但使用的是钢和玻璃材料，既满足了现代社会对博物馆空间的要求，又传达了浓郁的传统文化气息。

图5-3-4　日本京都美秀博物馆

⑥ 茅草屋顶　茅草屋顶是坡屋顶的原始面貌，是最原始最生态的风景，最早用于风景设计、自然保护区的建筑屋顶。茅草屋顶铺设简单方便，材料易得，重量很轻，经过防腐、防虫、阻燃处理，可延长茅草屋顶的寿命。如图5-3-5所示建筑，位于印度尼西亚的巴厘岛，建筑采用了茅草作为屋顶的材料，把外观和环境融合在一起，体现出地域特色。但是，随着生活方式的变化，屋面材料的缺少，防火问题的凸显等原因，茅草屋顶建筑越来越少。现在为了模仿茅草屋顶的效果，出现了一种新型的屋顶材料——仿真茅草。仿真茅草是经过特殊的剪压工艺制成的仿天然茅草材料，每一片是由草根和草须两部分组成，安装时只要把草根部分重叠即可，草须自然下垂。仿真茅草弥补了天然茅草材料的缺陷，是现代茅草屋顶建筑的首选材料。

⑦ 薄膜屋顶　膜的发展始于20世纪中期，是一种样式奇特的屋顶材料。它可以用于独立承受荷载，由于具有高性能的承载能力和对不同结构的适应性，膜结构得到了很大的发展。如国家游泳馆（图5-3-6），又称"水立方"，墙身和屋顶都采用形似水泡的ETFE膜（乙烯-四氟乙烯共聚物）。ETFE膜是一种透明膜，能为场馆内带来更多的自然光，而且ETFE膜还能防火，离开火就熄灭了。

图5-3-5　巴厘岛茅草屋顶

图5-3-6　国家游泳馆

5.3.1.2　按屋顶形态分类

（1）坡屋顶

屋面形式为肉眼看得出来的大角度坡面，其坡度一般在10%以上。坡屋顶由于容易建造，是最常见的传统形式，中国古典建筑都是采用坡屋顶的形式。坡屋顶一般由屋檐、屋面、角尖、屋鞍、屋脊和山墙组成（图5-3-7）。根据有没有屋鞍可以将坡屋顶分为简单形坡屋顶和复杂形坡屋顶。简单形坡屋顶是没有屋鞍的坡屋顶；复杂形坡屋顶是指至少一个屋鞍，由两个以上的简单屋面组合而成的坡屋顶。

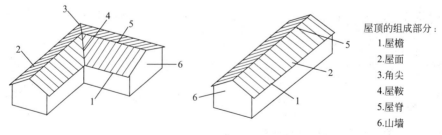

屋顶的组成部分：
1.屋檐
2.屋面
3.角尖
4.屋鞍
5.屋脊
6.山墙

图5-3-7　坡屋顶组成示意图

按照坡面的形式，简单形屋顶又可分为以下几种。

① 单坡屋顶　当房间进深不大时，可采用单坡屋顶（图5-3-8）。单坡屋顶具有强烈的导

向性，如音乐家住宅的屋顶与地面斜坡接近垂直，住宅内部空间均朝向四周的优美景色（图5-3-9）。

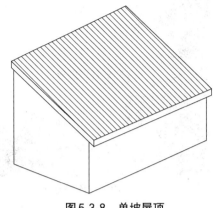

图5-3-8　单坡屋顶

图5-3-9　音乐家住宅

② 双坡屋顶　当房间进深较大时，可采用双坡屋顶（图5-3-10）。根据檐口和山墙形式的不同可分为悬山屋顶、硬山屋顶和出山屋顶。悬山屋顶即山墙挑檐的双坡屋顶，挑檐可保护墙身不被雨水淋湿，有利于排水，并有一定遮阳作用，常用于南方多雨地区。如爱尔兰的船屋采用陡峭的悬山屋顶，为防范每年大量的降雨提供了物理上和心理上的双重保护（图5-3-11）。硬山屋顶即山墙不出檐的双坡屋顶，北方少雨地区采用较广。出山屋顶即山墙超出屋顶，作为防火墙或装饰之用。按防火规定，山墙超出屋顶500mm以上，易燃物体不砌入墙内者，可作为防火墙，如徽派民居多采用高出屋面的马头墙（图5-3-12）。有些双坡屋顶，在屋面材质上采用一些变化，可以得到意想不到的造型效果。如奥地利的思维格住宅（图5-3-13），两个坡屋面一个采用混凝土厚板，一面采用玻璃屋面外加薄片面层，形成鲜明的对比，有效地突出了房子的外部轮廓，也使得自然光和外部景色能纳入室内。

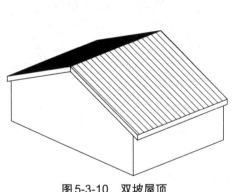

图5-3-10　双坡屋顶

图5-3-11　船屋

③ 四坡屋顶　也叫做四落水屋顶（图5-3-14）。中国古典建筑的庑殿顶和歇山顶（图5-3-15）都是四坡屋顶，四面挑檐有利于保护墙身。

④ 蝴蝶形屋顶（图5-3-16）　蝴蝶形屋顶属于双坡屋顶的一种，从外形上看正好是人字屋顶的倒转，形态类似于蝴蝶的翅膀而得名。挪威海岸线上的夏季住宅在主建筑旁采用了建了一座蝴蝶形屋顶的仓库，打破了由山墙形屋顶的主建筑建立起来的统一秩序（图5-3-17）。

图5-3-12　徽派民居

图5-3-13　思维格住宅

图5-3-14　四坡屋顶

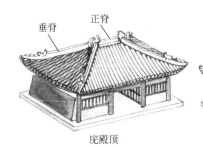

图5-3-15　庑殿顶和歇山顶

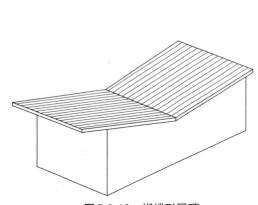

图5-3-16　蝴蝶形屋顶

图5-3-17　夏季住宅仓库

⑤ 锯齿形屋顶　又称折线形屋顶（图5-3-18），外形如锯齿，造型优美。德国的阿尔布卢克住宅采用了锯齿形的屋顶坡面，保证了充足的自然光进入室内。锯齿形的屋顶形式既可以引入光线，又可以避免直接照射（图5-3-19）。

⑥ 多坡面屋顶　多于四坡，包括金字塔形、尖塔形以及其他复合形式的屋顶（图5-3-20）。

（2）曲屋顶

由曲屋顶的名字就可以看出，曲屋顶是指那些表面由曲面构成的屋顶。屋面形式为简单曲面或双曲面，大致可分为四类（图5-3-21）：

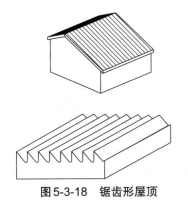

图5-3-18　锯齿形屋顶

图5-3-19　阿尔布卢克住宅

图5-3-20　多坡面屋顶

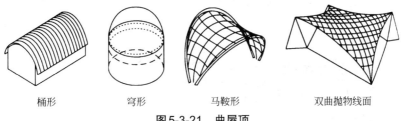

桶形　　　　　穹形　　　　　马鞍形　　　　双曲抛物线面

图5-3-21　曲屋顶

桶状屋顶是只有一个方向上的面是曲面，其他方向上的面是平面；

如果双曲面是两个方向上的面同向弯曲则形成穹状；

而如果双曲面是两个方向上的面反向弯曲的则形成马鞍形；

最后一种可能是双曲面，也可能是双曲抛物线面。

（3）平屋顶

屋面形式为平面或者肉眼看不出来的小角度倾斜面。如果坡屋顶的产生是为了摆脱大气的自然作用力，那么，平屋顶的产生是为了摆脱非常干旱地区的太阳作用，创造自然通风，利于雨水收集。

平屋顶是指屋顶坡度在2%～5%之间的屋顶，屋顶坡度在5%～15%之间的为低坡屋顶，超过15%的为坡屋顶。最简单的平屋顶是单坡的，每一坡面必须有排水管。坡面越少，所需排水管越少，因而造价越低。

建筑师们总是希望能够充分利用屋顶的优势兼做他用，而平屋顶相对于坡屋顶和曲屋顶来说具有这方面的优势，由此产生了可上人屋顶、绿色屋顶和停车屋顶。

可上人屋顶，如荷兰的博尼奥住宅楼，屋顶提供了人们活动的空间，同时营造出一种田园气息，屋顶上的孔洞可以使自然光进入室内（图5-3-22）。

绿色屋顶被称作景观屋顶，这种屋顶可以起到热量积聚、改善空气和美化建筑外观的效果，如美国的网球住宅（图5-3-23）。

图5-3-22　博尼奥住宅楼　　　　　　　　　图5-3-23　网球住宅

停车屋顶，无论是否隐蔽，都需要特殊处理，因为它们必须承担特殊的荷载，动态的荷载和交通所引起的其他荷载。

（4）屋顶与墙身一体化

本来屋顶和墙壁的区分是很简单的事情，它们作为建筑的不同元素履行着各自的功能。但是，在某些情况下，屋顶构成了建筑的外部皮肤，在屋顶结束和立面开始的地方并没有分界线。如德国的试验工厂，在东西方向上，立面和屋顶是连续的，造成了用一个巨大的、彩色的"毯子"披盖在波动的区域上的感觉，从符号角度看，这个"毯子"明显地将方案中的不同种类的元素结合于一体，它大胆的色彩也确保了它在校园中的一种特殊的身份（图5-3-24）。

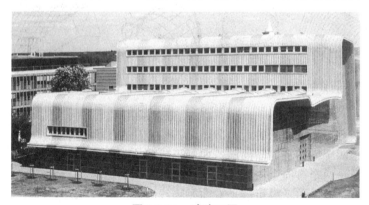

图5-3-24　试验工厂

5.3.1.3　按结构类型分类

按结构类型分类不同可分为网架结构屋顶、钢架结构屋顶、折板结构屋顶、薄壳结构屋顶、悬索结构屋顶、膜结构屋顶等。

在建筑设计中，为适应不同水平空间扩展的需要，可采用不同的结构体系。小跨度建筑往往采用梁、券等结构形式；中等跨度的建筑可采用桁架、钢架、拱架等平面结构系统；至于大跨度的建筑，人们须采用空间结构系统，如折板、薄壳、空间网架、悬索等结构，方能解决。

（1）空间网架

空间网架由大量单个构件组成。这些构件都是轴向受拉或受压，它们彼此支撑相连而成一个空间体系，因此网架结构的整体性强、稳定性好、空间刚度大，是一种有良好的抗震性能的结构形式。它适用于多种建筑平面形状，如圆形、方形、多边形等。网架是多向受力的空间结构，比单向受力的平面桁架结构适用跨度更大，跨度一般可达30～60m，甚至60m以上。

网架结构按外形可分为平面网架和曲面网架。平面网架屋面为平屋顶，一般采用轻质屋面材料。如纽约州立大学公共空间（图5-3-25）。曲面网架是由网肋纵横交叉形成网格状，其外形为壳，亦称网壳。如德国Halstenbek体育场（图5-3-26），覆盖整个场地的玻璃屋顶施工技术要求复杂，必须能承受温度的变化，强风及积雪的重量，采用彩色玻璃和横向可调节的遮阳系统将阳光产生的炫光降低到最小程度，当白天举行比赛时，场内不需要任何人工照明。

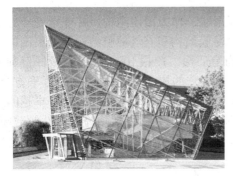
图5-3-25　纽约州立大学公共空间

图5-3-26　Halstenbek体育场

（2）折板结构

折板结构又折叠的形状取得强度，基本薄板在板本身平面受拉、受压和受剪，与板平面正交方向受弯，一般来说，折板结构的跨度不宜超过30m。折板的外形波浪起伏，阴影变化丰富多姿，造型了别有一番韵味（图5-3-27）。

（3）壳体

壳体是薄的曲面。薄壳必须具备两个条件：一是曲面的；二是刚性的（能够抗压、抗拉和抗剪），钢筋混凝土是壳体结构的理想材料。钢筋混凝土壳结构能够覆盖跨度几十米，而板厚只不过几厘米，特别适用于较大跨度的建筑物，而且壳体曲线优美，形态丰富多彩，适用于各种平面。不过薄壳结构也有缺点，体形复杂，现浇结构费工废料，施工不便，保温隔热效果不好，长期日晒雨淋易开裂。壳体的形式可以千变万化，基本形式有：球面壳、圆柱壳、双曲扁壳等，若对曲面进行切割和组合，可进一步创造出各种奇特新颖的建筑造型。如Shoei Yoh设计的内野老人和儿童活动中心（图5-3-28），就像抓起一块铺在地上的巨型手帕。

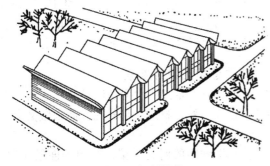
图5-3-27　折板结构

图5-3-28　内野老人和儿童活动中心

图5-3-29 代代木体育馆

（4）悬索结构

悬索结构是以能受拉的索作为基本承重构件，并将索按照一定规律布置所构成的一类结构体系。悬索结构的屋顶具有跨度大、自重轻、用料省等特点，屋顶形式灵活，外形变化多样。如日本的代代木体育馆（图5-3-29），主、附馆皆采用悬索结构屋顶，像是两个形状不同和大小不同的贝壳，体型非常特别。

（5）膜结构

膜结构是20世纪中期发展起来的一种新型建筑结构形式，是由多种高强薄膜材料及加强构件（钢架、钢柱或钢索）通过一定方式使其内部产生一定的预张应力以形成某种空间形状，作为覆盖结构，并能承受一定的外荷载作用的一种空间结构形式。膜结构可分为帐篷薄膜结构和充气薄膜结构。如英国的千年穹顶（图5-3-30）采用帐篷薄膜结构，整个建筑为穹庐形，12根100m高的钢桅杆直刺云天，张拉着直径365m，周长大于1000m的穹面钢索网。它的屋面材料表面积10万平方米，仅为1mm厚的膜状材料，却坚韧无比，据说可承受波音747飞机的重量。同时它有卓越的透光性，可充分利用自然光。再如东京巨蛋棒球场（图5-3-31），其蛋型屋顶为具弹性的薄膜，采用充气膜结构，利用内外的气压差使整个场馆立起来，一般会把巨蛋内的气压控制在比巨蛋外高0.3%以维持蛋顶外型。

图5-3-30 千年穹顶

图5-3-31 巨蛋棒球场

图5-3-32 上海旗忠网球中心

（6）其他形式屋顶

其他还有一些特殊的屋顶形式，如天文馆观测室的活动球顶、大型体育馆的可开启屋顶等。如上海旗忠网球中心（图5-3-32），主球场的屋顶由八片"花瓣"组成，每片"花瓣"重量近200t，屋面的开启方式完全演示了牡丹和白玉兰的开花状态，开启一次用时约7分30秒。

5.3.2 屋顶造型的设计要素

建筑造型中，屋顶的主要作用是变化建筑造型的轮廓，丰富建筑的形态和色彩。那么屋顶造型就可以从色彩、材质、形式三方面来做文章。

5.3.2.1 色彩

在色彩处理上，如需与建筑其他部分相异，以产生鲜明的对比效果，当屋顶面较小时，可用高明度颜色，如彩图5-3-33的教堂建筑，屋顶采用坡顶，采用了较鲜艳的红色作为屋顶的颜色，与乳黄色墙面和周边的绿树形成鲜明对比，突出了屋顶的设计。但是在一般情况下屋顶颜色宜使用低明度的颜色，如柏林爱乐音乐厅（彩图5-3-34），用灰色的屋顶衬托黄色的墙面，使建筑整体稳重、大方。

5.3.2.2 材质

在选用材料时，屋顶可与墙有所区别，使它们形成对比，如墙为细质感的材料时，屋顶应选用粗质感的材料，或墙为粗质感则屋顶应选用细质的金属材料。在现代建筑中，也有选用相近的材料使屋顶的材料和墙体一致。如丹尼尔·里伯斯金德设计的加拿大皇家安大略博物馆新附属建筑（图5-3-35），建筑的屋顶采用了铝板和玻璃两种材料，与墙面使用的材料完全一样，建筑形式协调统一，同时倾斜的墙体和屋顶塑造出独特的室内空间。

图5-3-35　加拿大皇家安大略博物馆新附属建筑

5.3.2.3 形式

为了使建筑物协调统一，一般屋顶形式的选择与建筑的整体造型相一致。

① 如果建筑平面中曲线多，则可选择圆形等曲面屋顶，如SIBAYA娱乐中心（图5-3-36），该建筑群中心宏伟的大圆顶被周围八个卫星小圆顶所包围，每个小圆顶都有各自独有的特征，圆顶上的弯曲的分隔直线条是整个建筑的一大特色，圆形的屋顶与圆形的平面形式相互呼应，建筑造型形式统一。

② 如果建筑是平直墙面则可选择平、坡屋面；低层建筑往往选择高屋顶，高层建筑则宜选择宽檐式或尖形屋顶。如维也纳的思维格住宅，屋顶的设计采用了60°角的斜线，有效地突出了房子的外轮廓。

③ 如果是平屋顶，在设计中应避免建筑轮廓有呆板生硬的感觉，可以从高低错落上做文章，如荷兰的希尔维瑟姆市政厅（图5-3-37），建筑中的数个平面屋顶虽大小不一，但布置得规整有序，错落有致，富有空间形式的美感，可见平屋顶建筑的群体组合关系是设计成功与否的关键。

图5-3-36　SIBAYA娱乐中心

图5-3-37　希尔维瑟姆市政厅

也可以在屋檐上做适当的处理，如透空、内斜等，以取得良好的效果，屋檐是人们仰望建筑时最先映入眼帘的部分，它的设计，尤其是细部的设计应大下工夫。选用檐口需根据建筑整体造型来决定。一般而言，墙面实的部分面积大，宜选用挑檐大的薄屋檐；虚墙面则宜选用小而厚的挑檐，强调虚实的对比效果。如北京首都博物馆（图3-2-7），建筑屋顶采用了60m大跨度的钢结构并出挑20m的大屋檐，檐部的边缘采用了镂空的处理，在墙体上形成了丰富的光影变化。

④ 设计坡屋顶时，应注意必须用现代的手法加以处理。可以将大屋顶设计成大小有变化，或长短坡有变化的两个或多个屋顶；或者在斜面上穿插反坡式屋面或中间开洞，或将半坡屋顶与平屋顶适当组合；还可将坡屋顶延长，与建筑平台或环境连成一体。如西安世界园艺博览会精品酒店（图5-3-38），其设计灵感来源于周边河流流动的形态，与西北气候、植被等相结合，随着地形设计了五个面向水面延伸的花瓣，五个花瓣包含着1个接待区、1个会所区和3个客房区。建筑采用了当地传统的建筑材料，包括青砖、黄土堆积的夯土墙等，屋顶采用了反坡式的多个屋面组合的坡顶形式，屋顶的设计成为建筑外观的一个亮点。

图5-3-38　西安世界园艺博览会精品酒店

5.3.3　屋顶的造型手法

屋顶造型在组合手法上，必须遵循一定的形式美原则，如比例、尺度、节奏、均衡、统一等。

5.3.3.1　垂直方向上的水平划分

传统建筑在立面上常采用"三段式"（基座、墙体、屋顶）水平划分，在水平划分中，屋顶与墙体的比例关系往往决定了建筑的形象，屋顶所占比例少，则建筑表现为上升感（图5-3-39）；反之，则表现为下降感（图5-3-40）。

图5-3-39　四川大剧院设计方案

图5-3-40　哥斯拉皇宫

水平划分的具体手法，可以是在屋顶与墙体之间互相穿插（图5-3-41），或是屋顶表现为自身各个组成部分的分段叠加（图5-3-42）。另一类水平划分手法，是屋顶直接与墙体相连，水平划分仅体现为交接线或材料变化，这样垂直方向的动势一直无阻碍地延伸到建筑最高点（本书第3章图3-1-11）。

图5-3-41 班芙小镇某建筑

图5-3-42 江苏省淮安市某办公楼

5.3.3.2 透视变化及视觉纠正

屋顶由于处于建筑的最上端，因而从正常的仰视角度观察，它的透视变化最为明显。这种透视变化与垂直视角（建筑高度的影响）和水平视角有关。

屋顶显现出的体积，决定于视点的远近和屋顶的相对高度。距离越远，屋顶越矮，则仰视角越小，透视效果越弱，屋顶越接近于立面图的效果；距离越近，屋顶越高，则仰视角越大，透视效果越强，甚至屋顶隐到墙体之后，只剩下最近处的檐口。仰视角度的变化，还影响到屋顶与背景的关系。仰视角越大，背景上可能露出的各种形状（如建筑、树木、山林等）越少，天空出现为主要的背景，在这种情况下，屋顶的形体特征与轮廓线表现得更加鲜明完整。

另一种透视效果与水平视角有关。在斜视角度下，屋顶的轮廓更富于变化，线条转折增加，水平轮廓线会透视成一定角度消失的斜线而具有方向性，原来的斜线亦有可能改变角度，不同方向的线条互相变化、转换，产生某种"错觉"。在具体设计中，建筑师常常有意识地运用透视变化，以达到某种特殊效果。

屋顶由于在建筑的上部，视距较远，其细部尺度需要相对放大，才能在视觉效果上被人接受。从正常的正视角度来看，如果在垂直方向上把立面均等划分，越往顶部，其实际透视尺寸就越小，从水平方向上看，处于建筑上部的水平线会在透视上显得中间略有下凹，因而屋顶（檐部）的水平条常需略向上凸，进行必要的视觉纠正。

5.3.3.3 象征、隐喻和夸张变形

在远距离的观察中，因为建筑物前面常有不同程度遮挡，处于建筑最上端的屋顶最易显现出来，成为建筑形象的标志性特征，故而具有特别重要的象征意义。中国古典建筑更是进一步地把屋顶类型发展成等级、身份的象征。

由于屋顶造型的自由变化，其形象还常常作为各种隐喻（如鸟、贝壳、莲花）象征性的表达，从而赋予建筑独特的风格，如新德里巴哈伊礼拜堂（图3-3-6），因形似莲花，又名莲花庙。有时为了服从某种设计意图的需要，建筑师还对屋顶进行有违一般审美规律的夸张变形，这种夸张变形常常表现为散乱、残缺的形体和扭转、倾倒的动势，或是构成元素的突变，如鹿特丹树形住宅上部倾斜的立方体（图3-3-7）。

5.3.3.4 符号与构架

在现代建筑中，为了表达对某种建筑传统的继承，符号被广泛运用于屋顶造型，具有的处理手法有三类。

一类是保持传统的形式，但改变了细部的手法，产生一种折中的效果（图5-3-43）。

另一类是将历史上的各种屋顶形式打散成若干片段并将这些片断作为符号重新自由配置以取得新意味，如和歌山县立近代美术馆的屋顶造型和檐口是对日本自十五世纪以来发展到十七世纪的城堡建筑的抽象化（图5-3-44）。

图5-3-43　美国迪士尼办公大楼

图5-3-44　和歌山县立近代美术馆的屋顶

第三类是对传统屋顶形式进行简化与抽象，作为符号加以运用，表达隐藏在符号背后的思想、宇宙观、美学、生活习俗和思维方式（图5-3-45）。由于对符号的理解具有多重性，因而符号运用于屋顶也常常带来模糊和不确定的意味。

构架在屋顶的运用常常是为了保持建筑逻辑上的完整性。屋顶上的构架往往是建筑下部形体中各组成构件的合乎逻辑的延续，在视觉效果上，构架创造了建筑与背景之间的一种过渡和中间地带（图5-3-46）。

图5-3-45　美国迪士尼集团总部

图5-3-46　某住宅

5.4　材质设计

材料是建筑造型设计重要的影响因素，不同的材料会赋予建筑不同的表面观感，建筑师诺曼·福斯特说："我们可以看出对不同材性的心理态度——我是指对钢、玻璃、塑料、砌块、石、砖、纸……的同等尊重，它们的确非常明确地显示了其各自的本性。"选用恰当的材料是达到建筑造型设计预想效果关键而细致的一步。不同的材料可以让建筑外表传达出不同的感受。运用材料时，对材料性能的熟悉把握可以创造非凡的耐人寻味的造型效果。

5.4.1　建筑外立面材料及其应用

5.4.1.1　石材

能在建筑物上作为饰面材料的石材包括天然石材和人造石材两大类。

天然石材指天然大理石、天然花岗石和石灰石等。天然大理石具有花纹品种繁多、色泽鲜艳、石质细腻、抗压强度较高、吸水率低、耐久性好、耐磨、耐腐蚀及不变形等优点，浅色大理石的装饰效果庄重而清雅，深色大理石的装饰效果华丽而高贵。但是天然大理石也存在一定的缺点：一是硬度较低，如果用大理石铺设地面，磨光面容易损坏，其耐用年限一般在30～80年；二是抗风化能力差，除个别品种（如汉白玉、艾叶青等）外，一般不宜用于室外装饰。天然花岗石质地坚硬、耐酸碱、耐腐蚀、耐高温、耐光照、耐冻、耐摩擦、耐久性好，外观色泽可保持百年以上。另外，花岗石板材色彩丰富，晶格花纹均匀细致，经磨光后光亮如镜，质感强，有华丽高贵的装饰效果。花岗石是一种优良的建筑石材，它常用于基础、桥墩、台阶、路面，也可用于砌筑房屋、围墙，在我国各大城市的大型建筑中广泛采用花岗石作为建筑外立面的装饰材料。

人造石材是近年来发展起来的一种新型建筑装饰材料，包括人造大理石、人造花岗石、水磨石及其他人造石材。由于天然石材的加工成本高，现代建筑装饰业常采用人造石材。它具有重量轻、强度高、装饰性强、耐腐蚀、耐污染、生产工艺简单以及施工方便等优点，因而得到了广泛应用。

石材在建筑中的应用：

① 作为墙体的承重材料　用石材砌筑的墙身，能够解决墙体的承重、防水、保温，石墙是由人们手工垒砌石头而成，这些石头并非同一规格，可以用水泥、灰泥粘结，也可以干砌，由于该种墙体自重大、墙身厚，且花费巨大的人力，这种型制已逐渐被淘汰。

② 石材贴面　在现代建筑中，用石材作为承重墙体材料的使用量越来越少，但是人们依然怀念石材凝重、质朴的风格，所以现代许多钢筋混凝土的建筑物外墙采用石材贴面，以获得石材建筑的效果。

③ 石笼技术　石笼技术是在金属丝围成的笼子里放上石材从而形成一个大的建筑模块，早期的石笼经常被置于河道的两侧来抵御河水的冲刷，建筑师们逐渐了解了这种结构的有效性，将这种材料和技术应用在建筑设计中。如赫尔佐格和德梅隆在美国加州道多明莱斯葡萄酒厂项目中对于石笼技术进行了创造性的使用（图5-4-1），建筑外观为两层的当地玄武石，根据墙体所围合空间的需要，金属铁笼的网眼有大中小三种规格。大尺度的能让光线和风进入室内，中尺度的用在外墙底部以防止响尾蛇从填充的石缝中爬入，小尺度的用在酒窖和库房周围，形成密室的蔽体。远远望去，该建筑更像是一件二十世纪六十年代的大地艺术。

图5-4-1　多明莱斯葡萄酒厂

④ 透明石材　现代加工机械使石材能够被加工到很薄的厚度，薄型石材使得阳光能够透过石材照到建筑室内。石材给人的印象不再只是坚实、厚重，也可以是精致、透明。在瑞士St pius（1996）教堂设计中，建筑师Franz Fueg就尝试着用透明石材创造教堂内部神秘

的空间效果（图5-4-2），教堂外墙由灰色的尺寸1.5m和1m，厚度是28mm的大理石板构成，板材自身由钢柱支撑，光线可以穿过大理石落到室内，形成朦胧而又有石材纹理的特殊光影效果，同时反映着四季和周边景色的不断变化。

图5-4-2　St pius教堂

⑤ 后张承重技术　工程师彼得·怀斯将石材砌筑与钢索技术相结合，采用后张承重技术在1992年塞维利亚博览会上设计的"未来的帐篷"产生了广泛的影响。2004年建筑师伦佐·皮亚诺和工程师彼得·怀斯合作完成了意大利教士朝圣教堂（图5-4-3），利用了当地的石材并采用了后张承重这一石材运用的新技术，形成了45m跨度的石拱结构，创造了石材跨度的历史之最。

图5-4-3　意大利教士朝圣教堂

5.4.1.2　外墙涂料

外墙涂料主要功能是装饰和保护建筑物的外墙面，使建筑物外貌整洁美观，同时能够保护建筑外墙，延长使用时间。外墙涂料具有装饰性好、耐水性好、耐玷污性好、耐候性好的特点。外墙涂料主要分为溶剂型外墙涂料、乳液型外墙涂料、复层外墙涂料和砂壁状外墙涂料。外墙涂料的选择要考虑当地的气候条件，如日照、风雨、温度、湿度及气候等。临海城市的建筑物要选择耐酸雾性好的涂料或耐酸雨性质的外墙涂料；南方多雨地区应选择防霉、防潮性能好的外墙涂料；高原地区紫外线辐射强，应选择耐紫外线性能好的涂料。

涂料这种传统建筑材料一直被广泛使用，其最大的特点是能够忠实反映体块的变化，创造出最大面积的整体无缝效果。涂料有宽广的色谱，几乎可以提供任何人们想要的色彩。建筑墙体若采用涂料装饰，其效果的好坏主要取决于所采用的颜色。涂料颜色的选择可参考本章中色彩设计一节中的内容。

5.4.1.3　混凝土

混凝土是由水泥、砂子、石子等骨料和水构成，经过浇筑、养护、固化后形成坚硬的固体。构成混凝土的原料成分、合成比例的差异会形成不同性质及感官效果的混凝土。如果混凝土中再添加一些金属屑、火山灰、玻璃碴、金属片、色料等其他成分，混凝土的外观还会发生变化。

清水混凝土即是未作掩饰其自身特点的抹灰、涂饰等外装饰的混凝土。清水混凝土易形成真实、自然、质朴无华的视觉印象。浇筑的模板会对清水混凝土的外表形式产生巨大的影响。不同表面、质感、吸水率的木模板、竹模板、钢模板以及不同的模板比例、拼接组合、接缝方式、固定方式等所浇筑出的混凝土外表差异也是很大的。

为长久保持清水混凝土的形象，避免雨水、灰尘、油污等形成的污渍，同时使混凝土更为耐久，日本旭硝子涂料树脂株式会社研制的常温固化型透明氟碳树脂罩面涂料可以在不影响混凝土自身质感及色彩表达的情况下保护混凝土免受自然环境的影响，混凝土表面免维护的周期可达15～20年。

在勒·柯布西耶、路易斯·康等建筑大师的影响下，混凝土被广泛运用于建筑的造型和外墙材料。于是混凝土逐渐从单纯的结构材料发展成一种富有外在表现力的功能齐全的建筑材料。混凝土是一种内容丰富多彩的材料，它的形态和色彩可做无穷变化，可以表达特定的情感，渲染各种气氛。

不同的建筑师对于清水混凝土的追求是有差异的，一些建筑师追求混凝土的精致，力争表达出混凝土的雅致、自然、细腻的效果，以安藤忠雄为代表。在他的作品中，清水混凝土显示出机械加工般的精致、丝绸般的柔美质感，完全打破了人们印象中混凝土的粗野形象，使建筑界掀起了一股"安藤热"、"清水混凝土热"，如图5-4-4。一些建筑师追求混凝土自然粗犷的力度美感，保留施工的痕迹甚至瑕疵，更加注重其真实性的表现。如勒·柯布西耶设计的法国马赛公寓（图5-4-5）。另一些建筑师如贝聿铭则将混凝土的粗犷与精致协调起来，建筑整体由于体块比例的推敲显得精致无比，接近建筑时混凝土墙面又显示出粗犷的力度。

图5-4-4　光的教堂局部

图5-4-5　马赛公寓局部

除此之外，还有一些建筑师通过在混凝土中添加特殊的添加剂以追求混凝土的色彩以及特殊质感。如黑川纪章设计的日本久慈市文化会馆（图5-4-6），清水混凝土墙面上装饰了一些不规则布置的钛板，无序点饰的镜面把周围景观映射到建筑上，形成丰富的变化。

随着科技的不断发展，混凝土不再是不透明的实体，现在已经出现了可透光的混凝土。如上海世博会的意大利馆，建筑外墙使用了透明混凝土预制板，白天阳光可透过墙壁照射到场馆室内空间，晚上室外可

图5-4-6　日本久慈市文化会馆

以看到室内的灯光。

5.4.1.4　陶瓷面砖

外墙用的陶瓷面砖主要是以陶土为原料，经压制成型，而后在1100℃左右煅烧而成。陶瓷面砖可分为釉面砖和陶瓷锦砖。

陶瓷面砖的优点是外形规则，井然有序，强度高、防潮、抗冻、不易污染，经久耐用，装饰效果有层次感、色调柔和，装饰后的建筑物显得庄严、高雅、气派，但是制造成本偏高，而且外墙面砖自重大，容易脱落。

在我国，面砖用于外墙饰面的做法主要是现场粘贴的方法，施工方便，但施工质量不易保障，由于雨水浸泡及冬季冻融循环等原因易造成面砖的脱落，易出现事故。目前建议采用干挂方法，可以保证比较牢固的挂在外墙上，但要求施工时必须严格执行施工规程。随着节能要求的提高，现在还有将面砖贴在外保温板材上，板材再固定在墙上的外保温做法。选用面砖为材料时主要应考虑墙面整体的色调、质感、面砖规格及比例、面砖排列方式、勾缝宽度及色彩等。当然，墙面的细节设计是和建筑整体的体块、虚实、比例等设计分不开的。

5.4.1.5　玻璃

玻璃是一种古老的建筑材料，长期以来，玻璃所特有的透光性深受建筑师的青睐，但由于力学性能的局限，玻璃的用途只限于门窗、采光带及装饰材料。近年来随着玻璃制造工艺的不断改进，使得玻璃这一传统的建筑材料的力学特性（强度）和物理特性（保温、隔声等）大大得到改善。目前，玻璃作为主承载结构的玻璃梁、柱、板，常用于建筑的幕墙、顶棚、雨篷、走廊、门厅、地板、楼梯，这一切都使玻璃结构作为一种独立的结构形式日益引起人们的关注。实践中玻璃结构常和钢结构结合起来运用，使建筑外观摆脱了千百年来使用的笨重的砖石、混凝土的束缚，而呈现出晶莹剔透、变化多端、极具现代气息的崭新面貌。

作为建筑材料的玻璃可分为以下几类。

（1）平板玻璃

平板玻璃是指未经其他加工的平板状玻璃制品，也称白片玻璃或净片玻璃。平板玻璃是建筑玻璃中生产量最大、使用最多的一种，主要用于门窗，起采光、围护、保温、隔声等作用，也是进一步加工成其他技术玻璃的原片。其规格厚度有2mm、3mm、4mm、5mm、6mm五种，也可根据用户要求生产出8mm、10mm、12mm，最大尺寸可达2000mm×2500mm。主要用于门窗及室内隔断、橱窗、橱柜、玻璃门等。

（2）超白玻璃

超白玻璃是一种低铁含量、高透光率的浮法玻璃，也称为低铁玻璃。与普通玻璃不同，其断面不会呈现绿色，具有极佳的透光性能，外观有着与无色水晶相似的视觉效果。超白玻璃可以被切割、钻孔、磨边，也可以进行钢化、热弯等处理，还可以在表面镀膜、印刷、涂饰等。

（3）安全玻璃

安全玻璃是指与普通玻璃相比，具有力学强度高、抗冲击能力强的玻璃。其主要品种有钢化玻璃、夹丝玻璃、夹层玻璃和钛化玻璃。安全玻璃被击碎时，其碎片不会伤人，并兼具有防盗、防火的功能。

钢化玻璃是用物理的或化学的方法，在玻璃表面上形成一个压应力层，玻璃本身具有较高的抗压强度、较高的抗压强度、较高的抗弯强度、抗机械冲击和抗热震性能，破碎后碎片不带尖锐棱角，但不能对其进行机械切割或钻孔等再加工，主要用于门窗、隔墙与幕墙。

夹丝玻璃是由压延法生产的，即在玻璃熔融状态下将经预热处理的钢丝或钢丝网压入玻璃中间，经退火、切割而成。夹丝玻璃表面可以是压花的或磨光的，颜色可以是无色透明的或彩色的。夹丝玻璃具有均匀的内应力和一定的抗冲击强度及耐火性能，在破裂时碎片仍然连在一起，不致伤人。其主要用于振动较大的工业厂房的门窗、地下采光窗、防火门窗、阳台围护等。夹丝玻璃一般尺寸为600mm×400mm，不大于2000mm×1200mm，厚度为6mm、7mm、10mm，随着防火玻璃的出现，夹丝玻璃在建筑中的用量已经很少了。

　　夹层玻璃是在两片或多片玻璃原片之间，用PVB（聚乙烯醇丁醛）树脂胶片，经过加热、加压黏合而成的平面或曲面的复合玻璃制品。夹层玻璃透明性好，具有耐热、耐光、耐寒、耐湿的特点，抗冲击机械强度高，玻璃被击碎后仅产生辐射状裂纹，且不落碎片。一般在建筑上用于高层建筑门窗、天窗和商店、银行等。

　　钛化玻璃是将钛金箔膜紧贴在任意一种玻璃基材上，使之结合成一体的新型玻璃。钛化玻璃具有高抗碎能力，高防热及防紫外线等功能。常见颜色有无色透明、茶色、茶色反光、铜色反光等。

　　（4）节能型玻璃

　　常用的节能型玻璃有吸热玻璃、热反射玻璃和中空玻璃等。

　　吸热玻璃具有吸收太阳光中的辐射热、可见光、紫外线的功能，既可采光又可隔热，颜色有蓝色、灰色、绿色、金色和青铜色、古铜色、棕色等，常用的是前四种。

　　镀膜热反射玻璃是通过热解法、真空法、化学法等镀膜方法在玻璃表面镀以金、银、铜等金属或者金属氧化物薄膜，或通过电浮法、等离子法向玻璃表面渗入金属离子以置换玻璃表层原有的离子而形成的热反射膜，以达到反射阳光和辐射热的目的。镀膜热反射玻璃具有单向透视性，迎光的一面具有镜子般的特性，背面可以透视。其颜色有淡绿、淡黄、淡蓝、灰色等。

　　低辐射镀膜玻璃的特点是可见光透过率高，对红外线辐射反射率高，特别对于远红外辐射的反射可达80%以上。其用于建筑时，冬季它可将室内散发的热辐射大部分反射到室内，减少热量向室外的散失，夏季将室外的热辐射反射回去，避免进入室内，减少空调制冷负荷，节约费用。低辐射镀膜玻璃对可见光的辐射率很低，可以有效避免光污染，透明度很高，节能效果好，遮阳系数小，常与其他玻璃配成中空玻璃。

　　中空玻璃是在镀膜热反射玻璃、吸热玻璃、钢化玻璃、浮法玻璃等类型的两层平板玻璃中间用含有干燥剂的间隔框架隔开，周边采用高强度的丁基胶黏结后，再用高气密性聚硫胶或结构胶密封，内部充入干燥空气、惰性气体或抽成真空，由于空气的导热系数比玻璃低很多，所以大大提高了玻璃的保温隔热性能和隔声性能，具有极好的防结露特性，被广泛地运用于建筑门、窗、幕墙、天窗等部位，具有显著的节能效果。

　　（5）结构玻璃

　　结构玻璃可用于建筑物的各主要部位，如门窗、内外墙、透光屋面、顶棚材料以及地坪等，包括玻璃幕墙、玻璃砖和U型玻璃。

　　玻璃幕墙是以铝合金型材为边框，玻璃为外敷面，内衬以绝热材料的复合墙体，并用结构胶进行封闭。作为幕墙的玻璃并不承受建筑荷载，只起围护作用。玻璃幕墙的结构包括明框玻璃幕墙、隐框玻璃幕墙、玻璃肋幕墙、点支式玻璃幕墙、双层玻璃幕墙等。明框玻璃幕墙的玻璃镶嵌在铝框内，成为四边有铝框的幕墙构件，幕墙构件镶嵌在横梁上，形成横梁立柱外露，铝框分格明显的立面（图5-4-7）。明框玻璃幕墙是最传统的形式，应用最广泛，工作性能可靠。相对于隐框玻璃幕墙，更易满足施工技术水平要求。隐框玻璃幕墙是将玻璃用硅酮结构密封胶（简称结构胶）粘结在铝框上，在大多数情况下，不再加金属连接件。因此，铝框全部隐蔽在玻璃后面，形成大面积全玻璃镜面（图5-4-8）。玻璃肋幕墙不采用金属框架，采用玻璃肋作为抗风结构件，通过悬挂或底座支撑承受幕墙的重力，这种幕墙能够保持最大的视觉通透性，此种幕墙多用在共享大厅、大堂等强调视线通透的地方（图5-4-9）。点支式玻璃幕墙由玻璃面板、点支撑装置和支撑结构组成（图5-4-10），效果通透，可使室内空间和室外环境自然和谐。构件精巧，结构美观，实现精美的金属结构与玻璃装饰艺术的完美融合，易于形成更大面积的通透的玻璃幕墙，适用于高度较大的共享大厅、大堂及玻璃屋面等。双层幕墙又称热通道幕墙、呼吸式幕墙、通风式幕墙、节能幕墙等。由内外两层立面构造组成，形成一个室内外之间的空气缓冲层。外层可由明框、隐框或点支式幕墙构成。内层可由明框、隐框幕墙、或具有开启扇和检修通道的门窗组成。也可以在一个独立支承结构的两侧设置玻璃面层，形成空间距离较小的双层立面构造。

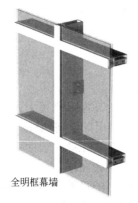

全明框幕墙

图5-4-7　明框玻璃幕墙

图5-4-8　隐框玻璃幕墙

图5-4-9　玻璃肋幕墙

图5-4-10　点支式玻璃幕墙

　　玻璃砖是用透明或颜色玻璃料压制成形的块状，或空心盒状，体形较大的玻璃制品。其品种主要有玻璃空心砖、玻璃实心砖。多数情况下，玻璃砖并不作为饰面材料使用，而是做为建筑物的透光墙体和需要控制炫光、阳光直射的空间。如日本的光学玻璃住宅（图5-4-11），玻璃砖立面悬停在木制的车库上方，入口就隐藏在玻璃立面下方，这个玻璃砖墙面创造了一种瀑布的效果，不断折射景观和光影。

　　U型玻璃，是用先压延后成型的方法连续生产出来的，因其横截面呈"U"型，故得名。图5-4-12为U型玻璃的安装模式。U型玻璃有着理想的透光性、隔热性、保温性和较高的机械强度，不但用途广泛、施工简便，而且有着独特的建筑与装饰效果，并能节约大量轻金属型材，所以被世界上许多国家的城乡建筑所采用。如同济大学建筑与城市规划学院C楼就采用U型玻璃作为建筑外墙（图5-4-13）。

图5-4-11　光学玻璃住宅

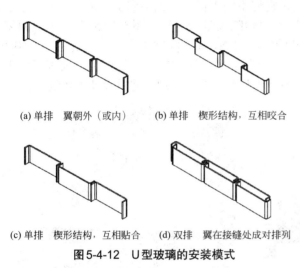

(a) 单排　翼朝外（或内）　　(b) 单排　楔形结构，互相咬合

(c) 单排　楔形结构，互相贴合　(d) 双排　翼在接缝处成对排列

图5-4-12　U型玻璃的安装模式

图5-4-13　同济大学建筑与城市规划学院C楼

5.4.1.6　金属材料

金属材料易于加工围护，表面精致，使用寿命长。这些优点使得金属材料越来越多地被用在建筑外表面。常用的金属板材有铝材、铜材、钢材、锌板和钛板。金属具有不同于其他材料的细腻、光洁、均匀的表面质感。光亮的金属表面的光泽和反射效果能使形体产生一种模糊效果，可以使光线和阴影、平墙和曲墙渐渐融合在一起，形成一种形体消失的"非物质化"感觉。

金属的精确加工性能和任意塑性特性是其他材料无法企及的，混凝土虽然可以浇筑自由空间曲面，但不可能像金属那样做到与纸一般薄和精确。弗兰克·盖里充分运用了金属的塑性来围护他那些相对方正的空间，却形成扭曲变化的复杂建筑形态。如毕尔巴鄂古根海姆博物馆（本书第2章图2-3-20）中建筑主体支撑结构与围护结构分离。他采用易于加工成曲线的钢架作为外墙龙骨的支撑，外覆一层薄薄的钛合金层。由于墙面的曲率在不断地发生变化，阳光下闪耀着金属光泽的墙体也在不断转换着量度和色彩。

较薄的金属板可以通过冷、热轧加工做成波浪形、锯齿形等断面形式。波形断面板根据断面形式和纹理方向等可以形成特殊状的条纹状肌理，用于墙面时可根据设计意图呈水平向、垂直向甚至任意角度斜向布置。如德国柏林索尼中心（图5-4-14），建筑外墙采用了锯齿形波纹金属板墙面肌理，故意加宽的板材伸缩缝设计也成了墙面的一种装饰。

图5-4-14 柏林索尼中心

凹凸花纹的金属板材也可用于建筑的外墙面装饰，形成富有特色的肌理效果，这种板材具有防滑、耐磨等特点，原用于工业建筑、公共交通工具等，近年来为了追求前卫、体现工业化的特点，常用做室内外的装饰板材。

当代的技术还可以制造出各种颜色的金属板材，如盖里在西雅图的音乐博物馆（本书第4章图4-2-28）中采用了大量的紫、银、金、红、白、浅蓝等彩色钛金属贴片，它们自由穿插在银白色的展厅之间，形体之间错落有致。表达了音乐欢快动人的旋律，这些彩色的金属外壳为城市增添了动感和活力。

金属编织材料也可用于建筑外墙，金属编织材料是由不透明的金属板和丝通过穿孔、编织而成，从而使金属材料具有了新的性质，它们不同于板材，也不同于半透明玻璃，它们表面独特的质感更接近于编织物。如日本追手门学院大学一号馆（图5-4-15），建筑表面采用了樱花的金属镂空图案，表现出樱花盛开的完美状态，并达到遮挡视线、节能环保的作用。再如上海铭立家居馆（图5-4-16），店面采用白色氟碳喷涂的铝板，铝板上有银杏树叶形状的穿孔，银杏叶的造型在门厅的地面及其他室内材质上多处出现，建筑设计整体统一。

图5-4-15 追手门学院大学一号馆

图5-4-16 上海铭立家居馆

5.4.1.7 木材

木材是一种天然材料，具有美丽的纹理色泽，建筑师对自然的材料有着天然的好感，从早期现代主义建筑大师阿尔瓦·阿尔托的许多作品中就可以发现大量木材的应用。然而真正大面积地将木材运用于直接暴露于室外环境中的外墙面还是近期的事，这也是木材防腐技术发展的结果。木材在建筑中应用必须进行一些必要的处理和保护，首先由于新采伐的木材含水率远大于大气平衡含水率和实际使用含水率的要求，使用前必须对木材进行干燥，防止使用中木材的收缩变形；其次还要进行加压处理，以防止木材被虫蛀蚀和腐蚀；另外要用化学渗透法、涂刷防火涂料法或复合法对木材进行防火处理。经过以上三种处理之后的木材才能运用在建筑中。

防腐处理后的木板可以作为墙面材料，外墙木板常用厚度为12～20mm，为防止木板太宽导致开裂，宽度一般控制在200mm以下，长度一般控制在5m以下，如采用优质的西部红松，木板宽度可达250～300mm，长度可达7m。如德国柏林北欧五国驻德大使馆公共服务中心（图5-4-17），采用了水平向木板墙面与条形玻璃窗形成特有的肌理。再如北京某居住区的公建（图5-4-18）采用了防腐木板的外墙饰面。木板外墙还可以采用木格栅的形式，如德国南部乡村的BTV商住混合建筑（图5-4-19），内部是一个玻璃盒子，外部被能够水平移动和滑动的松木格栅系统包裹，格栅中每块木材断面都呈菱形，方便排水。

图5-4-17　北欧五国驻德大使馆　　　　图5-4-18　北京某居住区的公建　　　图5-4-19　BTV商住
　　　　公共服务中心　　　　　　　　　　　　　　　　　　　　　　　　　　　　　　混合建筑

　　如采用人造胶合板作为饰面板，则可实现大板的模式，可直接采用露明铆钉、螺钉等固定于板后的金属或木质龙骨上，如图5-4-20所示的建筑采用了室外胶合板作为饰面材料，墙面划分自由随意，颇有几分构成派色彩。如图5-4-21所示的荷兰某公寓建筑采用了胶合板为饰面材料，用类似于室外防腐木板的狭长板材，视觉效果更为细腻。现在，随着科技的不断发展，还可以利用激光切割技术对胶合板材进行加工，形成各种各样的图案纹样，装饰美化建筑外观。如上海世博会波兰馆（图5-4-22），墙体采用布满镂空花纹的胶合板材，象征波兰的剪纸艺术。

　　木板除了可以作为墙面材料外，还可以作为建筑屋面材料以形成特殊的瓦片式效果（图5-4-23）。

图5-4-20　胶合板饰面建筑　　　　　　　　　图5-4-21　荷兰某公寓

图5-4-22　上海世博会波兰馆　　　　　　　图5-4-23　木板屋面

除了常规木质材料的使用外，一些设计还探索性的使用了创新性的木材用法。如上海世博会西班牙馆（图5-4-24），整座建筑采用天然藤条编织成的一块块藤板作外立面，整体外形呈波浪式，看上去形似篮子。藤板用钢丝斜向固定，像鱼鳞一样排列，既牢固又美观。这些深浅各异的藤板都是在山东制作完成的，不经过任何染色，藤条用开水煮5h可变成棕色，煮9h接近黑色，这就是这些藤板色彩不一的"秘诀"。再如上海世博会的葡萄牙馆（图5-4-25）外墙采用的是软木，万科馆（图5-4-26）外墙采用的是秸秆板。

图5-4-24　上海世博会西班牙馆

图5-4-25　上海世博会葡萄牙馆

图5-4-26　上海世博会万科馆

5.4.1.8　清水砖

砖最早是作为结构材料出现的，由于砌体结构特性的限制以及建筑对于空间及形式的要求越来越高，以砖及砌块为主体结构材料的建筑除了一些小型建筑外已经很少见了。现在砖在建筑中更多的是作为围护材料及装饰材料。

阿尔瓦·阿尔托认为砖的本质就是它那独具特色的肌理，他在自己的穆拉特塞罗的避暑别墅中，将多种不同的砌筑方式进行穿插拼贴，并用小面积的瓦片进行点缀，从而形成无比丰富的效果。

图5-4-27　印度管理学院

路易斯·康是早期现代主义大师中较多以砖作为外墙材料的，他的设计哲学之一是设计应该发挥材料自身的特点，他的许多以砖为主要材料的作品通过拱券等显示砖的特性，如印度管理学院（图5-4-27）。

瑞士建筑师马里奥·博塔是当代用砖的大师之一，他的设计思想受路易斯·康的影响，大部分作品以典型砖砌体特征、丰富的排列肌理、强烈的几何形式感显示出浓郁的地方性。如辛巴利斯塔犹太教堂（图3-2-20），砖砌的墙面由圆形过渡到方形，表现出泥土般的可塑性。

5.4.1.9　其他材料

（1）聚四氟乙烯板（ETFE）

ETFE是一种可再生的轻质箔片，透光性好，可允许光谱中很宽范围的光线透过，阻燃、具有优秀的隔热保温性能、良好的自洁性、轻质，正常使用寿命达30年。我国的国家游泳馆（图5-3-6）就采用了这一材料来表达其"水"的主题。其采用正六边形体的网架，倾斜30°后沿正方体的四个面切开，形成非常有机的泡沫图案，再将ETFE附着在泡沫状网架上，形成通体晶莹而朦胧的表皮。

（2）聚碳酸酯板（PC）

聚碳酸酯板性能稳定、价格低廉，而且它们还能像玻璃一样进行图案的丝网印刷。赫尔佐格和德梅隆在尼克拉工厂和仓库中（图5-2-1），在外墙上使用了印有树叶图案的聚碳酸酯板，使这种材料获得了一种全新的视觉效果。

（3）亚克力（PMMA）

亚克力，化学名称为聚甲基丙烯酸甲酯，是一种开发较早的重要热塑性塑料，具有较好的透明性、化学稳定性和耐候性，易染色，易加工，外观优美，在建筑中主要用于采光构件、透明屋顶、维护墙板等。

PMMA产品通常可以加工成平板、波形板、穿孔板等。如德国慕尼黑第20届奥林匹克运动会体育馆的屋面（图5-4-28），采用了拉锁薄膜结构，采用PMMA板，产生了透明的帐篷般的视觉效果。经历了30多年的风雨，PMMA板仍旧保持着较高的透明度。

上海世博会的英国馆（图5-4-29）的表皮是由数万根亚克力杆组成，形成展厅表皮的刺状结构。采用铝制套管与亚克力杆相套的方式加强材料的抗弯能力，每个管的内端部安置了展馆的主题展品——种子。亚克力管将室外阳光导入室内，为内部提供照明并照亮展品。

图5-4-28　慕尼黑奥林匹克运动会体育馆

图5-4-29　上海世博会英国馆

（4）聚酯纤维（PES）

聚酯纤维，即涤纶，是由有机二元酸和二元醇缩聚而成的聚酯经纺丝所得的合成纤维。上海世博会的德国馆（图5-4-30）就采用了聚酯纤维材料，建筑由约12000m²的网状膜材料覆盖整个建筑体量，每组体量棱角分明，视觉效果非常纯粹。膜材料以PES为基布，经纬编织的制作方法使其表面遍布网眼，呈现出半透明的视觉效果，表面施以PVC涂层，产生一种类似金属的质感。这种材料重量轻、有较强的反射太阳辐射的能力，不会阻滞空气在建筑主体表面的流通，具有节能效果。

图 5-4-30　上海世博会德国馆

5.4.2　建筑外立面材料的应用现状及发展趋势

5.4.2.1　积极探索和应用新材料、新结构、新技术、新工艺

由于材料科学的发展，使得可用于建筑的材料种类越来越丰富，除了钢材、混凝土、砖石、玻璃的大量应用外，连一些以前不可能用于建筑的材料如纸、塑料等也已经用于建筑的主体结构。日本建筑师坂茂设计出了一系列的纸建筑，如2000年汉诺威世博会日本馆就是一个半透明纸膜覆盖的纸筒穹窿（图5-4-31）。塑料由于其轻质高强也已经被用于结构材料，近年来美国20%的新建别墅是由塑料建材厂一体化建造的。塑料一体化房屋的外墙结构是由木屑、金属及塑料绝缘泡沫芯层有机组合而成的，强度比普通混凝土提高30%，而成本却降低50%。

图5-4-31　汉诺威世博会日本馆

5.4.2.2　不断挖掘和拓展传统材料的表现力

黏土是最原始的建筑材料之一，今年来，夯土建筑由于良好的热工性能以及取材方便，造价低廉等特点在欧洲备受重视。

玻璃幕墙技术从明框到隐框，再到无框幕墙和点式幕墙，新的工艺已经形成了新的建筑特色。而且随着玻璃材料性能随着技术进步的不断发展，全玻璃结构也正成为可能。

5.4.2.3　注重材料表现的地域性、民族性特点

充分发挥和利用当地的材料和建造技术，使建筑造型呈现出明显的地域特色和民族特色。并且很多建筑师通过使用当地适宜的建造技术和传统材料建造出低成本、节约能源的建筑。如印度建筑师查尔斯·柯里亚（图5-4-32）和埃及建筑师哈桑·法赛（图5-4-33）。

图5-4-32　英国文化协会总部入口

图5-4-33　Fouad Reyad住宅

5.5 色彩设计

5.5.1 色彩原理概述

5.5.1.1 色彩的分类

（1）三原色

理论研究表明，红、黄、蓝三色可以调配衍变出其他各种色彩，而其他色彩无法反过来调出它们。因此，红、黄、蓝色称为三原色，又称三元色。

（2）间色、复色、补色

间色：又称"二次色"，由两种原色混合而成，如红＋黄＝橙、黄＋蓝＝绿、蓝＋红＝紫、橙、绿、紫即是间色。

复色：又称"三次色"，是由间色混合而成，如：

橙＋绿＝（红＋黄）＋（黄＋蓝）＝（红＋黄＋蓝）＋黄＝黑浊色＋黄＝灰黄

绿＋紫＝（黄＋蓝）＋（红＋蓝）＝（红＋黄＋蓝）＋蓝＝黑浊色＋蓝＝灰蓝

紫＋橙＝（红＋蓝）＋（红＋黄）＝（红＋黄＋蓝）＋红＝黑浊色＋红＝灰红

上述三种难以确切命名的灰黄、灰蓝、灰红便是复色。颜料中的赭石、土红、熟褐、土黄、橄榄绿等一类即是，许多天然建筑材料如土、木、石、水泥等的本色，大抵都是深浅不一的复色，色彩均较沉稳。

补色：又称"余色"，色环中处于180度两端的一对色彩，一般视作互为补色。补色对比性强烈，并置时有一种相得益彰的对比效果，而混合的结果则是黑浊的复色。

（3）冷暖色

色彩在客观心理上有冷暖感，这是一般人都有的感受，由此而引出色彩的另一个重要特性。长期生活实践的感观感受与色彩有互通性：红橙黄一类色彩联系着血液、太阳、火焰、沙漠等事物，而蓝绿紫则会联想到海水、冰雪、月夜等，浴室冷暖色的大类就分划开了。但色彩的冷暖性，并不都那么分明，有些色彩如草绿紫红等，它们偏黄偏绿、偏红偏紫程度不同，冷暖倾向也游移不定；各种复色，冷暖属性通常也不很明朗，所以，又有"中性色"一说，用来泛指那些冷暖属性暧昧的色彩，但严格的中性色只有黑、白、灰、金、银等才算得上。

5.5.1.2 色彩三要素

（1）色相

各种色彩的不同相貌。它通常是与光谱色中一定波长的色光反射有关，习惯上以红橙黄绿蓝紫标准6色或根据不同的研究体系以更多些的10色、12色、24色甚至100色的连续色环来表示。

但色环上的色都是没有杂色的艳色，在生活中，尤其是在建筑设计应用上，更多地会出现一些并非色环上那样单纯的色彩，于是色相种类就变得非常繁杂，人们常不得不以一些自然存在的事物来类比命名，如枣红、桃红、橘黄、土黄、石绿、草绿、天蓝、孔雀蓝等。

（2）明度

明度指色彩的明暗程度，一般有两重含义：一是指不同色相会有不同明度，如标准色中黄色最亮，明度最高，紫最低；二是指同一颜色在受光后由于向背的不同，或者是加黑加白调色后的明暗深浅变化。表5-5-1是一些色彩与黑白色相比较的明度值。

表5-5-1　色彩明度值

色相	白	黄	橙	绿	橙红	蓝绿	红	蓝	紫红	蓝紫	紫	黑
明度	100	78.9	69.85	30.33	27.73	11	4.93	4.93	0.80	0.36	0.13	0

（3）彩度

彩度又叫纯度、艳度，也就是色彩纯净和鲜艳的程度。三棱镜折射出的光色，即色环上的色，没有一丝杂色的混入，其彩度最高，若混入白色或黑色，彩度就下降了，至于数色相混，其变为间色和复色的过程，彩度也是递减的，它们若再混以黑白，彩度当然更低。建筑色彩应用中，大面积的墙面等处，多半会以低彩度、高明度的姿态出现，以避免高彩度色彩过的过于刺激夺目，但装饰性特别是广告宣传性的色彩追求就恰恰相反，要的正是视觉刺激，高彩度色应用就屡见不鲜了。

5.5.1.3 色彩的象征性

色彩的视觉感受本是一种生理反应，但人类生活经验不断积累的对色彩事物的相关体验，又自然产生心理影响，一定的色彩引起一定的心理联想，进而又客观或主观地赋予色彩以一定的象征意义。

色彩的象征性，既与人的心理活动相关联，而人与人之间的阅历、文化教养都不一样，心理活动也会有相应差异，就是同一个人，在不同的心境下，对客观事物也会做出不同的反应，对色彩也同样。所以，所谓色彩的象征性并没有严格精确的对应性，但大致的性向范畴却是有约定俗成的认同性的，一般认为：

红：热烈、喜庆、革命、警醒等；

黄：光明、忠诚、轻柔、智慧等；

蓝：深远、沉静、崇高、理想等；

橙：成熟、甘甜、饱满、温暖等；

绿：青春、和平、生命、希望等；

紫：忧郁、神秘、高贵、伤感等；

褐：沉稳、厚实、随和、朴素等；

灰：孤寂、冷漠、单调、平淡等；

黑：深沉、严肃、罪恶、悲哀等；

白：纯洁、清净、虚无、高雅等。

但是各种色彩当明度、彩度稍有改变时，其象征性联想会非常不同，如黄色，加白提高明度，给人以稚嫩感；可一旦彩度降低，就变为枯黄，马上会和苍老、腐败、病态等相联系。

5.5.1.4 色彩的主观感觉和客观效果

色彩的感觉和效果问题，比较复杂。首先，客观环境很少由单一色彩构成，因此常以色彩的组合关系在起作用；其次，色彩感觉涉及主观联想，因人而异的色彩敏感性和偏爱是普遍存在的；第三，色彩总是依附于具体的对象，而对象的性状之类肯定对色彩感觉发生影响。因此，进行色彩设计，应注重色彩的客观效果，力求将设计者个人的感受好恶与大众的接受心理产生共鸣。

（1）一般心理感觉

① 面积感——明度高的色彩有扩张感；明度低，特别在冷色时有收缩感，紫色为最。

② 位置感——暖而明的色朝前跑；冷而暗的色向后退。

③ 质地感——复色、明度暗、彩度高时有粗糙、质朴感；如驼红、熟褐、蓝灰等；色相较艳、明度亮、彩度略低时，有细腻丰润感，如牙黄、粉红、果绿等。

④ 分量感——高明度冷色，感觉轻，如浅蓝、粉紫（雪花、飞絮、雾霾的联想）；低明度的暖色，感觉重，如赭石、墨绿。

（2）色彩组合的一般感觉

相似明度、疏远色相——含混

相似明度、接近色相——呆板

高彩度、疏远色相——鲜艳

低彩度、疏远色相——朴素

不同明度、疏远色相——强烈

不同明度、接近色相——沉着

高彩度、接近色相——单纯

低彩度、接近色相——柔和

高彩度、暖色相配——动态感

低彩度、冷中性色相配——静态感

高彩度、高明度、接近色相——柔软感、曲线感

高彩度艳色、低明度浊色——刚硬感、折线感

5.5.1.5 色彩的配合应用

（1）色彩对比

对比是艺术创作共通的最重要的手段之一，建筑色彩应用中也不例外。中国的粉墙黛瓦是无色彩系列的对比范例；色彩的对比，虽然大都不像纯黑白对比那般强烈，但补色对比也十分鲜明。根据色彩构成要素可将其分为三类：

色相对比——对比度的强弱取决于色彩在色环位置上的距离，距离越大对比越明显，以180°的补色关系为最，在彩度高时更突出。

彩度对比——彩度对比通常有两类：其一是艳色和灰浊色对比，艳色更艳，灰色越灰；其二是彩度相仿的两色对比，色相接近时，前述色相对比的规律起主要作用，有向补色靠的趋势，但明度彩度感觉会互相削弱，色相若呈补色关系，则彩度会有所提高。

明度对比——明度对比是色彩对比中效果最明显的。一般人总以"万绿丛中一点红"来形容色彩对比的鲜明性。其实，鲜艳的红与绿只是色相的对比，还不如同是红色而掺黑掺白的深红和粉红的对比度大，因为后者是明度对比，要比单纯的色相对比效果明显很多；倘若墨绿和粉红或紫红和粉绿，则既有色相对比变化，又有明度对比反差，效果就更突显了。

（2）色彩调和

色彩调和是设计对象统一性、和谐性的必然要求。如果物象都弄得五色杂陈的"魔方"一般，满眼斑驳陆离，无论在建筑设计或其他色彩设计中都是无法容忍的。

调和主要针对对比而言，如采用单色调，没有多少色彩对比成分，本已是调和的，只有在对比色纷呈、尤其是色相差别又大的情况下，调和的处理彩成为不可或缺。

① 运用中性色　主要以黑、白、灰等来充当"调停人"，将冲突的色彩网罗成统一体。最成功的典型是中国的木刻年画，红黄蓝绿对比色块充斥画面，可是用黑线或灰线套印上轮廓，就调和统一了。

② 增加色彩中的共同色素　这是通过降低对比度，并在色相上加强亲缘关系以求调和的方法。

③ 增加色彩分布的交互穿插　这好比将"两军对垒"、"势不两立"的形势，改变为"你中有我，我中有你"的混战格局，使冲突化整为零，从全局看，就会减少对比刺激度而增加浑成统一感。

④ 拉开对比色间距　这是一种以其他色彩充作"隔离带"般的缓冲办法，使冲突色彩不再"针锋相对"，在视觉上也会减弱对比度而增加调和。

5.5.2 色彩设计原则

5.5.2.1 顾全大局原则

即整体环境优先的原则。好的建筑色彩设计,首先会给环境增色,越是单独看来十分光鲜的建筑,放在群体中就越要注意于整体的和谐关系。群体建筑的众多形体中,往往由于功能、技术、经济、风格等原因,不得不有诸多差异,而色彩可以成为将它们联系起来的"纽带"。

5.5.2.2 形式与内容统一原则

色彩虽有可能是建筑诸外观形式特征中最先跃入眼帘的,但建筑毕竟是以内容——使用要求为根本追求目标。因此,色彩从属于建筑性质要求是顺理成章的事。各类建筑虽没有京剧脸谱般"红脸白脸"对号入座的关系,但毕竟有公认的客观色彩感存在,恰当把握各种色彩差异,外观色彩是会有助于表现内在功能的。

5.5.2.3 色随形变原则

除去追求雕塑效果通体一色的建筑,以及"迷彩"伪装般的"游戏"之作,建筑色彩的变化都与建筑形体的变化及各界面交接有机关联。色彩的变化,通常应和大的块面转折、小的线脚装饰完整关联,有自然的收头,有统一的贯穿。事实上,只有这样才能充分发挥色彩的魅力,使形体设计相得益彰。

5.5.2.4 宁缺毋滥原则

建筑不是一块画布,是人们日常作息经年面对的场所,是整个生活内容的大背景,从这一点出发,建筑色彩不应过于追求变化、花哨,使人们成日处于眼花缭乱之中。这里特别要注意对冷艳色和深冷色的应用,建筑体量大、高纯度艳色大面积出现,十分触目;而深冷色一般对人的心理影响较为消极,故通常以局部或细部点缀为好。

5.5.2.5 符合色彩配色审美规律原则

根据建筑性质和周遭环境的实际情况,作出色彩选择;有了基色还需搭配,这当中就有许多对比调和之类的规律在起作用。应尊重这些客观审美规律,尽量排除主观随意性,慎重释放自己的偏爱,不为流行所左右。

5.5.3 色彩在建筑造型中的作用

5.5.3.1 调整比例

建筑物的比例,是造型设计中十分重要的一个问题,见本书第3章3.1.5。运用色彩调整比例,主要有以下几条途径。

① 通过色彩的明度差异,改变面积和体积在视觉上的大小观感,从而使一定部位的比例关系得到改善。

② 通过色彩于某些构配件的组合,可改变这些构配件的固有形。如一扇方窗,若在窗洞上下加饰与墙面不同的色彩,窗的比例感将在纵向被拉长;若色彩饰于窗洞两侧,则方形的比例感会在横向拉长;若在方窗周边做圆形设色,则其感觉甚至有可能被圆所取代。

③ 利用色彩变化,用装饰性手法将较大的体量或立面,进行有目的的划分,使不理想的大尺度比例关系,无形中分解开来,演变为不同色彩的几部分新的恰当的比例关系。

应该注意的是,以色彩调整比例,最好避免单纯平面上的涂饰变化,因为那容易给人以布置画片般的虚假造作感,若能结合材料质感改变,甚至创造一些形体上小小的凹凸或线脚,使色彩转换的边界同时有立体感,就会有机自然得多。

5.5.3.2 强调节律

节奏和韵律感,是人们将建筑比拟成"凝固的音乐"的深层内因,也正是建筑艺术美具体体现的一个重要方面（具体见本书第3章3.1.4）。色彩对节律主要是起强化的作用，无论是直线条、横线条或格构式、回旋式的节律，只要色彩介入，就会使原来的节律感发生变化或变得更加突出。如柱、墩等是常用的形成直线条节奏的构成要素，只要将其饰以与背景墙面不同的色彩——一般宜比墙面更浅，其节奏划分，就比原来仅靠阴影而形成的要突出很多。

有些处理更特殊一些，泰国Delta Grand Pacific酒店（图5-5-1）是用色彩改变建筑外墙原有节律关系的一个非常简单却十分成功的范例。建筑的弧形外墙整齐地开满带形窗，虽然也是可以接受的一种惯常处理，但总失之于单调，现在将道道窗间墙以蓝色装饰成一个三角形的中心后，既保留着原来带形窗固有的节律，又增加了非常醒目的变化，而且

图5-5-1　泰国Delta Grand Pacific酒店

还无形中改变了视觉比例，在整个立面被分成不同比例的三块的同时，由于中部蓝色三角形的上指性，使建筑平添了向上升高的气势。

5.5.3.3　突出形体

形体的突出主要是靠形体本身对比关系的经营。有的建筑形体对比性已经非常强烈，如巴西首都巴西利亚议会大厦这类建筑，色彩变化的加入会显得十分多余；但毕竟还有大量的建筑，在形体构成上无法达到需要的鲜明反差，这时色彩在视觉上的敏感性特点，便可以起大作用。

将对比色涂饰在不同的建筑部位，这些部位的形体对比度会有明显的提高。特别是在某些局部，色彩对比更可有用武之地，如当造型上希望突出的某些局部淹没在同色质的大背景部位时，单纯赖以光影已不解决问题，色彩却可以起到点化作用。但也要注意呼应性，如只在需要突出的部位使用某种突出的色彩，固然可以收到突出之成效，但可能会因此而过于孤立，弄得不好反而变成建筑的"身外之物"，有游离而去的趋势。

5.5.3.4　统一形貌

与突出形体作用正好相反，色彩可以跨越形体界面涂饰在不相干的各个部位，从而可以达到减弱甚至消弭某些不希望突出的形体的作用。建筑上以色彩统一形貌最常见的场合是旧建筑的临时整新，特别是沿街毗连的新旧、样式不一的立面，用明度较高的一二种色彩通体喷刷过去，不仅整旧如新，同时，各异的形体及不协调的细部，也都在光鲜的色彩下，隐退为不显眼的小变化。同样道理，新建筑的各部形体，如果有难以避免的冲突处，色彩也可以起缓冲作用，如建筑窗形各异，排列又欠整齐，立面缺乏统一感，这时如果饰以浅色窗套、檐口、腰线之类，形貌便较易统一。

5.5.3.5　烘托功能

建筑类型繁多，从形态上说，有些大空间建筑等，由于结构技术的外观特征，形式对内容的反映比较自然，另一些如住宅，有阳台之类的特征构件，功能内容也较易得到体现。但仍有大量建筑外观形式特征相对暧昧，这时恰当选用色彩对烘托功能会有较大助益。如许多火锅店不约而同地选用红色，这与那红油火辣的生意场面确实相得益彰；如医疗建筑多半会选择洁白，另外也会用一些浅蓝、浅绿一类使人沉静下来的偏冷色；相反，如幼儿园一类儿童机构，则可能会借用鲜艳欢快的对比色调来顺应孩子天真活泼、好动好奇的天性。

色彩的烘托功能应定位在依附形象设计整体构思的基础上，只能是一种辅助性手段，因为色彩本身就有一定的暧昧性、多义性。特别不能够将此和标志色混为一谈，火锅店所用红

色与消防站同样的红色，传达的信息是完全不一样的。另外，消防站都是红色并不足怪，可天下凡火锅城即红，就没有色彩设计可言了。

5.5.3.6 掩饰缺陷

这里所说的缺陷是泛指那些对于建筑造型来说显然不够理想，但在满足功能要求或技术上不得不那样做的一些无奈之处。大的如某些体型关系上的多余或阙如感觉，小的如一些技术性部件如水箱、通风口、水落管等的设置。也有为了追求某一方面独特性却带来了另一些方面的相对损害。图5-5-2中法国的一幢高层公寓楼正是这样的一个例子，建筑师选择了独特的圆筒集合体的垂直体形，表面除了开窗未加任何其他形体或细部的变化处理。同样为了独特性，窗户选择了圆形、圆角方形和顿号形三种特异的形状，而这些窗又纵横间距不尽相同地错杂排列（相信室内空间自有其功能依据）。如按常规的浅色外墙色彩设计，这将是一幢看似"千疮百孔"的"碉楼"式的建筑，独特有余但和很难给人以美好感受，这就需要用色彩来加以补救。通过蓝色基调下大块面色彩变化，使大量窗洞隐藏在深蓝色中不再抢眼，而整体印象给人一种蓝天白云般的戏剧性新奇感，这也就掩盖了原先因错杂开窗而造成的明显凌乱。至于用色彩装扮不得不露明的风管口之类，自蓬皮杜国家艺术与文化中心（彩图5-5-3）以来，已越来越为更多的建筑师所采用，使得碍眼的赘物，转化成高科技的装饰物。

5.5.4 色彩表现及处理

5.5.4.1 对比与调和

对比是建筑色彩设计求得生动变化的最基本着眼点，没有对比的色彩关系，总是相对平淡的。从色彩原理可知，色彩有色相、明度、纯度三种对比。然而就一组具体色彩关系而言，三者是统一的，设计者尽可着重于某一方面的表现，但其他两方面总会一定程度地同时透露出来。而就观察者来说，明度对比是最容易察觉到的，因此，也是客观上最见效的。特别是白色（或接近白色的高明度色）与其他色的对比。成功的实例比比皆是，因为白色是一种中性色，它可以和任何颜色和谐共处，所以，几乎是一剂万灵配方。值得注意的是，与白色相配的色彩明度宜稍暗，彩度不宜高，这样对比的鲜明效果才处得来。图5-5-4为上海锦昌文华大酒店则是以白色为主而配以深蓝纵向条窗，明度对比突出了它韵律感很强的直线条造型，效果特别清新明丽。

图5-5-2　法国某公寓

图5-5-4　上海锦昌文华大酒店

建筑色彩的色相对比，特别是较纯的色相对比，应用较少。这是由建筑的庞大体量所决定的，人们难以承受大面积色相对比的视觉刺激，不过某些商业建筑以适当减低彩度的大面积对比色作为招徕又作别论。中国传统宫殿以黄色琉璃瓦、大红柱子与青绿彩画梁枋作对比，营造"金碧辉煌"的华贵气氛，可说是对比色应用的典范。但它更多的是作为一种传统范式存在，较难应用于以简洁为本的现代建筑外装饰中。彩度对比，就大部分建筑而言，因基本上都采用非纯色，所以，更多地体现在低明度的非纯色和高明度色特别是中性色的对比上，明度接近的纯色和非纯色的对比，往往因交接不清而效果不佳。

调和是与对比相随相伴而生的，没有对比就无需作刻意的调和处理。我们运用色彩对比手法进行建筑造型表现，是为了通过色彩的变化达成丰富和鲜明的外观效果，决不希望穿上一件"斑斓彩衣"而将建筑形体弄得分崩离析，因此，不论色彩配置有多丰富，掌握统一的基调是必要的。就人的视觉心理而言，偏暖、中高明度、不过于鲜艳的彩度，由此构成的建筑调子，较易被大多数人接受。所以，建筑的大块面，通常会以一二种此类色彩涂装，其他局部或细部的色彩配置，即便对比度很大，也难以夺去大块面形成的基调。如配以调和色，则调子更柔和些。

5.5.4.2　混成与错杂

许多建筑物，为了突出建筑形体的光影造型或立面的虚实对比构图，不希望被色彩所扰乱，只用一种外墙色彩，这时单色的混成处理。要突出建筑形体的雕塑感，单色的混成处理是具有绝对优势的，如贝聿铭先生设计的国家美术馆东馆（图3-1-12）。不过建筑毕竟不是雕塑，门窗等异质部件的存在不容回避，近年来，国内一些建筑为求得混成效果，对门窗档和玻璃的色彩处理，一般有两种途径：一是茶色玻璃和古铜色门窗档的结合，使之形成单一浅色墙面上"黑洞"般的对比效果；另一种以浅淡色门窗档与墙面浅色一体化，这同样也能达到与前者类似的净化效果。全玻璃的幕墙建筑，同样有单色的混成处理和多色的组合处理，但总的说来，形体的雕塑量感都被其晶莹剔透的质感所削弱，混成与否差异只在色彩的变化，对量感影响不大。图5-5-5是日本的赤彦纪念馆，其坐落在著名的风景湖畔，由于采用混成的处理，非常单纯质朴，达到了建筑师表现亲近自然的预期。

错杂是指不按建筑形体块面的界面分别设色，而是故意打乱单个的、局部的形体表现，以多种色彩的跨越界面而求得更大范围整体的混成，如上节提到的巴黎某筒形公寓，再如台北世贸中心（图5-5-6）通过带状设色，通贯不同向位的体块，从而加强了整体的水平联系，形成大规模体量的富有变化的色彩混成。

图5-5-5　赤彦纪念馆

图5-5-6　台北世贸中心

5.5.4.3　块面与段落

建筑的形体千变万化，但绝大多数房屋由于使用功能要求和技术构成使然，总是由屋顶、墙面、地面、门窗、阳台、雨篷等部分所组成，形体的凹凸、转折还是有规律的，它们之间在总的形体构成中总是各得其所，有相对分明的界面，而这通常会成为彩色组合时的客观依托。按照这些形体块面设色，就可以加强原有的造型表现。如色彩的改变和体块的交接完全一致，其结果是使各部形体分别得到了突出。如能充分利用色彩的冷暖、明暗等各种色性，这种突出的效果将更加明显，如流水别墅（图3-1-9）。

块面设计时有一个问题常被忽略，那就是悬挑体块的底界面设色。当我们仰视高处的雨篷、阳台或挑廊时，其底面占着很显眼的分量，应是色彩装饰很好的用武之地。图5-5-7所示的建筑建于高坡上，其天棚底界面在人们的日常视线范围内，设计者大胆敷以橙色，十分醒目别致。

在缺少体块变化或墙面凹凸变化的场合，为打破其平淡，段落式的色彩变化处理是常用的，如窗间墙或窗下墙的不同设色，可造成纵横线条的立面构图效果。图5-5-8为日本某办公楼，外墙平实，山墙面虽是素色混凝土，但主入口相邻两面，却大胆地以白、紫罗兰、蓝紫三色进行装饰，构成十分特别的冷色调的带形构图，小小的弧形阳台体块经此衬托，也变得突出了。

图5-5-7　天棚底设醒目色彩　　　图5-5-8　山墙面色彩变化

段落式色彩表现，更多的是突出基座、墙身、檐部不同色彩的传统纵三段式表现或中心主体两厢配楼的横三段式表现。由于有立面构件的依托，不难处理。但段落式色彩设计常常是为了打破大面积实墙的单调而做的平面文章，在色彩的搭配上就宜小心行事，至少明度反差过大的色彩是不宜选用的。

5.5.4.4　装饰与重点

建筑装饰诸多要素中，若从装饰效果的鲜明性来说，色彩应是最有表现力的。但建筑装饰最基本的原则是要依从整体的造型立意，所以，装饰色彩与全局色彩有一种相互制约的关系。色彩装饰较常见的手法有：

① 在重复出现的部件，如阳台、窗套、雨篷等处，作同一色彩的涂饰，突出其排列构成的节律美。也可以规律性地改变色彩韵律以造成特殊的视觉趣味。图5-5-9是上海康乐小区的一幢住宅，将阳台自上而下成组涂上了红、橙、黄、乳色退晕变化般的鲜明色彩，与白的环境小品、绿色植物一起构成了居住区中非常活跃生动的景观。

② 通过凹凸线脚作带状、柱状或格状装饰。图5-5-10中的Gelpcke亲王别墅就是以深棕色装饰线做出仿木构架般的韵味。

图5-5-9　上海康乐小区住宅

图5-5-10　Gelpcke亲王别墅

③ 对整片墙面、屋面、地面等进行大面积的彩绘式装饰，它们可以是几何形的构成，也可以是形象的壁画、镶嵌类独立美术创作，有些则将装饰图案有机融入建筑的整体造型。如赫尔佐格和德梅隆设计的德国埃伯斯沃德技术学院图书馆（图5-2-2）。混凝土砌块和玻璃上的图像印刷隐喻了建筑物的功能。

④ 在建筑的重点部位或构图重心如入口、楼梯间等处，以不同于其他部位的鲜明色彩强调处理，如上海城市酒店，仅用一道红墙加上边侧的十字形红色细缝，就把洁白挺拔的建筑整体点活了（图5-5-11）。

5.5.4.5　节奏与韵律

在建筑色彩对造型的作用中，以色彩来加强甚至创造节律感是很普遍的。建筑造型中原已形成的节律感，可通过对比色的运用得到强化。如广州时代爱心医院（图5-5-12），白色窗间墙与棕色窗花格遮阳百叶配合，使建筑色彩更有韵律感。

图5-5-11　上海城市酒店

图5-5-12　广州时代爱心医院

5.5.4.6　象征与标志

建筑色彩设计经常会选择具有象征意义的某些色彩来营造某种氛围。如绿色与自然的亲和联系，蓝色与天空、海洋宽广浩瀚的联想，红色的热烈、富丽，黄色的光明辉煌等。色彩的象征性是一个国家或民族文化与历史长期积淀形成的心理结构。这种色彩心理结构常常与民俗习惯和宗教信仰有着密切的联系，它能唤起各种情绪，传达情感，影响人们的生理感受。

汉代的阴阳五行中说五行即东、两、南、北、中，中为黄色、东为青色、南为红色、西为白色、北为黑色，以血色象征五行、天下五方观念，并与春夏秋冬四季流变的时间观念柏联系。例如保和殿、太和殿和天坛等建筑的色彩，表现得甚具代表性。它们都是采用黄红两色为基本色调。而其他与皇室有关的建筑，也都以红墙黄瓦为主要特征。如天安门，以汉白玉砌成须弥座，其上依次建红色墩台，覆盖以黄色琉璃瓦，与红墙相呼应。太庙前殿也是黄色琉璃瓦顶配以红墙；如此多的以黄红两色为基调的建筑群，使大量黄瓦红墙交相辉映，尤其在全城灰沉沉的背景下，通过这种纯度、明度上的强对比，表现得更加高雅艳丽、赏心悦目。同时折射出帝居中央、皇权至上的政治内涵（彩图5-5-13）。对这类建筑的体味是需要理解其中的文化和历史背景的，它反映的是前人的宇宙观和对现实社会人与人的关系认同。

另外，巴黎蓬皮杜国家艺术与文化中心（彩图5-5-3），大楼不仅暴露了它的结构，连设备也全部暴露。在东面沿主要街道的立面上布满了五颜六色的各种管道，红色的代表变通设备，绿色的代表供水系统，蓝色的代表空调系统，供电系统用黄色来表明。在这里，色彩不仅具有象征意义，而且具有功能性。

但在设计中应注意掌握好几个度。

一是与色彩三要素关联的色性的度。如翠绿和果绿、深蓝与天蓝、中黄和柠黄给人的感觉，就分别有茂盛和淡雅、深沉和轻盈、成熟和稚嫩等各种区别。

二是涂饰面大小的度。小面积的点缀和大面积的铺盖，是会有量变到质变的差异的。

三是色彩配合使用时的对比度。色彩配合总希望相得益彰，但具体搭配并不像理论那么简单。如最常见的商业招牌，红与金、黄与黑、蓝与白是效果特别好的，可以使红色更富丽、黄色更明亮、蓝色更清纯，互相交叉替代效果就大为逊色。金、黑、白都是中性色，理论上是可以和任何色相配合的，尚且有此区别，其他色的选择就更应慎重了。

色彩象征色的专用，便成为标志色。标志色多为人为设定，需要体认的经验。如连锁专卖店的统一设色，可以作为广告号召，最典型的如麦当劳、肯德基，此外大众汽车的天蓝、壳牌石油的中黄都是。

本章思考题

1.入口空间组合要素有哪些？

2.从功能组织和构成要素出发，可将建筑入口分为哪几个基本类型？

3.屋顶按照形态可分为几类？

4.建筑外墙可采用的建筑材料有哪些？

5.解释一下色彩的对比与调和？

6.色彩在风景园林建筑造型设计中的作用？

7.风景园林建筑色彩表现与处理的手法有哪些？

6 风景园林建筑设计作品分析

6.1 博览建筑设计分析

6.1.1 福特沃斯现代美术馆

福特沃斯现代美术馆是一座收藏抽象主义作品的美术馆，由安藤忠雄设计。它坐落在德克萨斯州福特沃斯市文化区内，占地4.4hm²，并且临近路易斯·康设计的金贝尔美术馆。

福特沃斯现代美术馆由六个矩形的混凝土盒子所组成，每一个盒子都覆盖着玻璃的表皮，被排列成平行结构。建筑东面是一片开阔的水庭园，茂密的树林庇护遮挡了美术馆，使其免受基地东南角繁忙嘈杂的交通影响。六个长方形盒状体量中，两列长的体量内是美术馆公共空间，四列短的体量内部则是展览空间。建筑高两层，屋顶平缓轻盈，其高度与路易斯·康的金贝尔美术馆的筒顶一致。建筑一层是公共空间、临时展厅、教育办公用房；二层则是永久收藏。这些体快在与外部水面及绿化协调的同时，内部也创造出多样化的空间，并为创造一种人的精神家园提供了可能。

建筑使用混凝土和玻璃作为主要的材料，混凝土的平行六面体呈现在外包的玻璃表皮内，强调了玻璃的透明感，玻璃则柔化了混凝土实体对于外部环境的突兀感。

尽管建筑整体外形非常简洁，但内部却通过自然采光系统，创造出丰富多样的展厅平面和体量。由玻璃和混凝土围合的过渡空间，就像日本民居建筑中的"缘侧"，同时属于内部和外部空间。它们是展示空间不可分割的一部分，在于光线、水面及周边环境绿化协调的同时，激励了一种创造精神（图6-1-1～图6-1-6）。

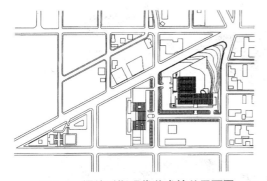

图6-1-1 福特沃斯现代美术馆总平面图

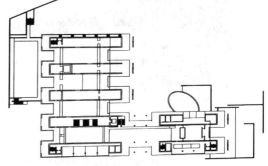

图6-1-2 福特沃斯现代美术馆平面图

6.1.2 江阴南门会

南门会是一个公司的办公楼和规划展示馆，位于江阴市忠义街北端，北临环城南路，和朝宗门牌坊相对，是现代城市向传统街区转换的交接部位，位置的特殊性，给设计带来了很大的挑战，使得建筑需要承载更多的精神内涵和示范作用。

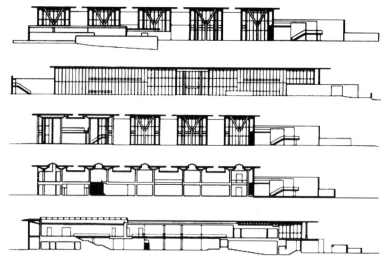

图6-1-3　福特沃斯现代美术馆立面和剖面图

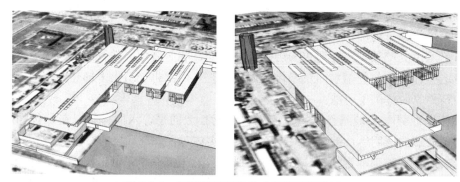

图6-1-4　福特沃斯现代美术馆模型鸟瞰图

图6-1-5　福特沃斯现代美术馆局部造型

图6-1-6　福特沃斯现代美术馆内部空间

在自然生长的传统街道中，空间的组织法则表现为交通空间串联的院落，单个使用空间并没有多少特别之处，相互之间的连接方式才是关键，这种空间的自由性在园林中表现得更为彻底。南门会空间结构延续了老街道的内在秩序，庭院和使用空间以串联的方式结合在交通廊上。小的院落空间成为新建筑的重点。建筑基地相当不规则，设计通过院落的组合把不同功能分开，同时也巧妙地把地形的不规则消化在院落中，保证了使用空间的合理。

模糊是南门会空间的基本特征，这种模糊是内外两个层面构成的。用园林的方式解决建筑问题的同时，园林的情趣自然也就融入了建筑，三个角部相错结合的体块，形成了展示空间的主体。行进过程的多次转折，放大了空间的进深，也打破了参观者思维中的固有坐标，使得建筑空间异常具有张力。模糊的另一方面是建筑对城市的界面。入口的灰空间过渡了城市和建筑的关系，东侧参观入口的外院使得建筑在街道中分离出了一块很完整的禅意空间，舒缓了参观者的情绪，也使内部展览空间有了一个很好的准备。建筑北侧面向城市的风雨廊在功能层面表现得十分微弱，但其扩大到城市层面就体现出积极的意义，城市多了一个积极的空间，建筑和城市也多了一条联系的纽带，一种对话的途径。

忠义街是比较标准的传统街区，尺度小巧，大部分是一层的建筑，所以临近老街区建筑首先考虑的就是尺度的延续。2300m²的展览馆对它来说已经是一个巨大的体量了，设计中将体量分散，以小尺度的组合方式呼应老建筑，层数从一层逐渐过渡到三层，使建筑尺度表现出传统街区向现代城市过渡的过程。老街区自然形成的立面门窗洞口，以一种不经意的方式散落在立面上，真实而自然。新建筑提取了这种关系，在东侧展示厅的外墙上，随意留出大小不一的洞口，为东侧的墙体提供了一个有趣的尺度关系。忠义街牌坊是区域的重点，突出它的核心位置是无可厚非的，建筑以一个巨大的单层斜屋面和它做出呼应。

　　建筑语言不同于文学的文字表达，专业性特征导致其解读的困难。一般大众对美的的认识源自对片段形象的整体拼凑。精神气质是一种源自对生活状态和自然情景的反射。特殊的位置，却很明确的定义了建筑的表情基调——新和旧的交织，一种人文情怀的表达。在这种基调下，传统元素的提炼和重构是一种对传统的现代演绎。作为规划展示馆，在某种意义上讲也是整个南门的缩影，因而在建筑中也浓缩了几个南门的空间要素。山墙、小桥、屋顶、白墙等要素在自由的状态下以新的逻辑关系组合起来，构造和材料的更新，时时提醒着建筑和传统及创新的关系。选材上延续老的街区，以木材和白色涂料为主，局部使用灰砖和钢结构。在使用老材料的时候，用不同的构造方式表达，使之表现出新的建筑表情。手工的构筑方式使得材料表现浓厚的人文情怀，这也是设计者所希望的（图6-1-7～图6-1-11，及彩图6-1-12～彩图6-1-16）。

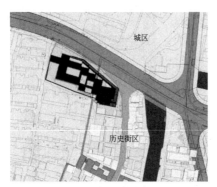

图6-1-7　南门会总平面图

图6-1-8　老城区及南门会总体鸟瞰图

图6-1-9　南门会局部鸟瞰效果

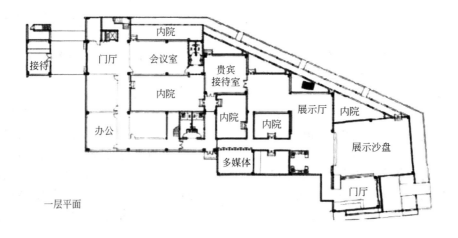

一层平面

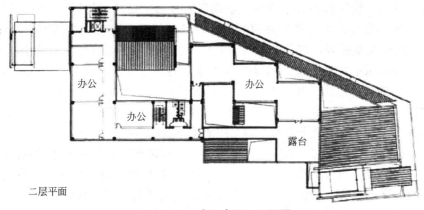

二层平面

图6-1-10 南门会展厅平面图

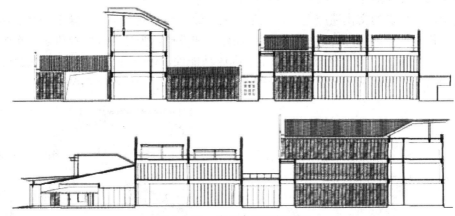

图6-1-11 南门会展厅剖面图

6.2 餐饮建筑设计分析

6.2.1 扬州竹院茶室

　　位于扬州郊外施桥园内的竹院茶室，由中国建筑设计事务所HWCD Associates设计。其建筑布局以传统的园林结构为灵感，以毛竹为材料，融合了景观与功能，也完美地搭配了茶文化静心养神的气脉。

　　竹院茶室设计成不规则立方体，立于湖上。茶室的格局效仿扬州传统的庭园。扬州庭园习惯由朝内的凉亭来营造一个内部观景空间，茶室的方形平面布局也是通过房间与中央平台的组合来构成，将一个个小空间分隔开来，营造出每一间茶室向内适宜静坐观赏的庭院风光、向外可纵览湖面全景的惬意区域。环绕庭院水池一周的步行道，是内部观景的主要部分，设计师将露天茶室与亲水平台散落地安置于这片区域，客人可以一边领略清韵野竹与茶香茶韵的相得益彰，一边在曲折蜿蜒的步行道上漫步赏景。

　　建筑所使用的竹材全部是扬州本地种植的毛竹，经过防腐防蛀、高温杀菌和涂层处理，即使是经日晒风吹雨打也可以保持竹的本色，坚实耐用。从外观上看，竹院是一个有虚实变化的立方体。简洁的外形诠释了建筑与自然的统一。竹子和砖的天然材料保证了可持续性。外墙开口加强了竹院自然通风，厚实的砖墙冬季保温效果好，减少了对人工取暖和人工制冷系统的依赖性。

谈及竹的特点，设计师说竹子本身在景观营造方面是很理想的材料："中国传统园林讲究移步换景、虚实结合，外部造型规整封闭，内部空间开放是很重要的特点。而现代建筑要求更多的外向型景观视野，与传统的内向型哲学有冲突，所以我们使用竹子，利用竹子的缝隙将内外空间和视觉有机贯通。"竹子完成了建筑的整体形态，同时又分隔出内部的空间，撑起整个茶室的筋骨与血肉。纵横交错的竹子在整个竹院中营造出纵向和横向上的视觉效果，高高的竹条围合成户外步行道，在湖面上呈不对称布局。在作为房屋外壁的同时，也似篱笆一般，将院内的风景转换于方寸之间，疏离了外面的喧嚣。

当夜晚灯火亮起，茶室的竖向线条更加明显，光线斑驳间，建筑本体的简洁线条更加明显，与自然紧密贴合。古人茶会，多于白天，很少秉烛夜游，设计师在这一点上更进一步，门灯与地灯的配置一应俱全，让竹院茶室的夜间景色也别具一格。其中茶室门的设计最为特别，在金属门框之外的一圈竹篾边框，制造出了灯光反射的效果，通过这种当地农村常用的手工艺品材料，设计师让夜晚的茶室也显得别有韵味。

茶是中国最珍贵的文化遗产之一，几千年来一致深受欢迎。茶需要置于一个低调的环境中，来让人们领悟其悠久历史。竹院以其内在建筑和设计，为饮茶体验提供了一个契机。整个茶园既是景观本身，同时也充分考虑了实际的功能性，以一种与自然环境相融合的姿态，成为施桥园内的一处新风景（图6-2-1～图6-2-3及彩图6-2-4～彩图6-2-6）。

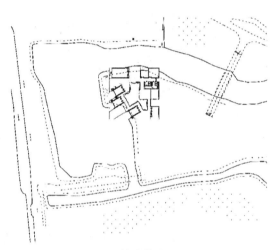

图6-2-1　竹院茶室总平面图

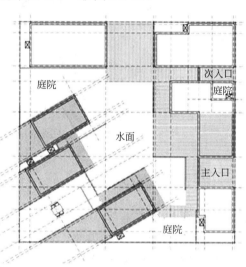

图6-2-2　竹院茶室平面图

图6-2-3　竹院茶室外观

6.2.2 扬州三间院

三间院坐落在扬州京杭大运河畔，都市化的快速发展已经使得这一城市近郊区域成为城乡结合部，包含了位置上的多重矛盾。基地的西侧紧临广陵新城运营不久的呼叫中心产业区，东边的村庄农舍也将很快消逝，成为不留痕迹的记忆。三间院居其中并服务于邻里。

三间院由水院、石院、竹院三个独立的院落组成，而水、石、竹（植物）同时也是中国园林三个基本的空间构成要素，呈现出熟悉的本土造型。环抱、围合和隐藏这样的方式一直是中国传统庭院的突出特征。这个项目结合了公共功能、私密形式、整体性大体量以及小庭院的亲切感，从形式到使用充满了有趣的矛盾。远观是乡野缩微村庄，近看是纹理丰富、凹凸交错的像素化砖墙表皮。

院落形制和民居原形的批判性再现是建筑师一直以来非常有兴趣探索和发展的类型，三间院的建构来自两方面的启示：一是蒙古草原连续坡顶的小客栈，它是简单的建造和节省材料的做法；再就是江南新民居的轮廓和院落，地方材料和建造技能永远都是财富。三间院的答案直接明了，面对项目有趣的混杂性，河泥红砖被用来完成最后结构性的编织，刻上时间的痕迹。

为了与周围田野地景相配合，扬州三间院延续了高淳诗人住宅使用的材料——黏土砖，一种农村常用且廉价的砌筑材料。但墙面参差突出的两种砌筑图案不仅造成了丰富的肌理感，也给农舍式的、轮廓单调重复的外观增添了几分趣味。同时，设计师为了传达并再现乡土聚落的空间结构，两个平面完全一样和一个平面稍有差异的形体单元似乎不经意地布置在场地上，像是自然生长的乡村风土建筑——乡土聚落中常见的类型化的形式同构。

每一单元的平面构成围绕三个内院螺旋式地布局，三组院落分别被赋予"水、石、竹"的文化主题，让散发着乡土气息的建筑中拥有了文人化的艺术气质。

与传统的坡顶建筑带有屋檐不同，成排的双坡顶在与边墙交界处戛然而止，建筑师用一种陌生化的处理方式交待了现代与传统的关系（图6-2-7～图6-2-9及彩图6-2-10～彩图6-2-12，图6-2-13）。

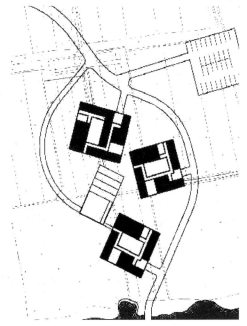

图6-2-7 三间院总平面图

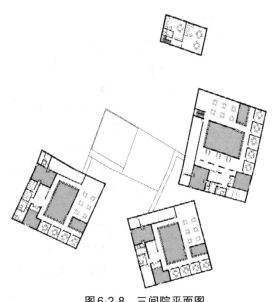

图6-2-8 三间院平面图

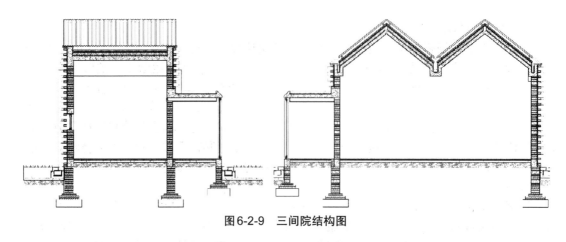

图6-2-9　三间院结构图

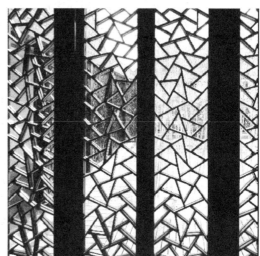

图6-2-13　三间院内院

6.2.3　北京秀酒吧

秀酒吧坐落于北京银泰中心裙房屋顶之上，是一座仿宋式建筑的屋顶花园式酒吧，建筑面积仅为1300m²，由朱小地设计。银泰中心位于北京市长安街与东三环路交汇处的西南方向，北侧与国贸中心对峙，是目前北京CBD地区重要的标志性项目。银泰中心包括三栋超高层建筑，其中中间一栋高249.5m为酒店、公寓，东、西两栋同为高186m的办公建筑，三栋建筑以中间建筑为轴，对称布局。地面以上为五层裙楼，为高档品牌的零售店。秀酒吧就位于三栋超高层建筑围合之下的裙楼屋顶。

中国的传统建筑中存在着强烈的中轴线对称的空间格局，这一点在皇家建筑中表现得尤为突出。在轴线控制之下，各种体量大小、形制不同的建筑均可以串联起来，形成不断演进的序列空间。这种轴线控制下的空间关系与银泰中心三栋超高层建筑的布局形式有相同之处，似乎都在表达着同一的逻辑关系。设计师将已经建成的三栋超高层塔楼强烈的轴线关系作为前提条件，进一步引申到酒吧平面中。利用居中的南北向的轴线和东西向的轴线，将酒吧各功能按照轴线空间的对位与转合进行重新布置，从而在平面和空间格局上确立与环境的对话关系。

在平面布局形成之后，为了进一步强调传统建筑群中处于不同部位的建筑屋顶的从属关系，又采取了不同的屋顶形制，使这组建筑形成整体。这一设计方向既回应了酒吧建筑的外部形象与周围三栋高能高层建筑的空间关系，又充分满足了酒吧建筑的品质和它灵活的使用要求。

整个建筑群由接待区、酒吧区、辅助区三个基本功能区域组成。其中酒吧以 Main bar 为中心，周围环绕三个主题酒吧，包括南侧的 Wine bar、西侧的 Vodka bar、Executive lounge。接待区包括直接连接北塔的主接待厅和西侧连接写字楼的次接待厅。辅助区则由厨房、洗手间和衣帽间等组成。整个酒吧建筑与周围高层建筑之间形成了两个水景内院。

为使传统的建筑形式与酒吧功能需求相协调，避免北方传统建筑墙体多、封闭感强，突出酒吧建筑的开放与通透的特点，设计采用了比较自由和开放的宋代建筑风格。因为宋代手工业、商业开始发展起来，城市的繁荣与市民生活的多样性，促进了民间建筑多样性的发展；同时，宋朝取消了里坊和夜禁制度，形成了按行业成街的情况，一些邸店、酒楼和娱乐性建筑也大量兴建起来。宋朝建筑比唐朝建筑更为秀丽、绚烂而富于变化。但是，现今宋代的古建筑遗存却极少，我们多是从宋朝绘画、雕塑等方面的文物中寻找答案。

酒吧的建筑屋顶以《营造法式》为范本，在主吧和葡萄酒采用歇山顶，在雪茄室、伏特加吧、行政酒廊采用了不厦两头造悬山顶，在舞台、厨房、北走廊采用了单坡加勾连搭等三种瓦屋面形式，各栋仿古建筑之间通过现代的玻璃体空间联系。

秀酒吧将不同功能的场所与建筑体量的组合搭配得当，为不同的需求提供了多样选择的可能。自建成以来，秀酒吧就以其独特的建筑设计魅力，吸引着来自世界各地到此相聚的人们。在这里，无论是餐饮、主题酒吧，都会给人以逃逸重拾身心的归属感（图6-2-14～图6-2-17及彩图6-2-18、彩图6-2-19、图6-2-20）。

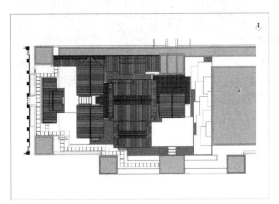

图6-2-14　秀酒吧总平面图

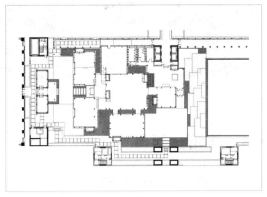

图6-2-15　秀酒吧平面图

图6-2-16　秀酒吧模型鸟瞰图

图6-2-17　秀酒吧外部造型

图6-2-20　秀酒吧内部空间

6.3　旅馆建筑设计分析

6.3.1　土耳其凯梅尔Maxx皇家酒店

　　Maxx酒店位于土耳其安塔利亚省凯梅尔镇，处于城市地区和自然区域两者之间，是进入自然区域的门户。该建筑建立在陡峭的山坡上，被茂密的森林、两条海湾和一条很长的海滩所包围。它由东到西可根据山坡、残留建筑以及海湾和小海滩等自然或人工要素分成具有不同特征的景观特色分区。这座酒店最突出的特点是具有内敛和吸纳性，毫不张扬与暴露。整个酒店都被规则或不规则的木质物体包围着，这样的设计一方面可以改善酒店内的气候条件；另一方面则使酒店很好的融入了自然环境中。酒店周围的景色与所在山体的景色一样，并没有特别设计成别样的风格。酒店周围的树和以前的建筑都保留了下来。

　　所有的设计都在上述理念构成的框架中进行，根据每个区域的具体环境而进行对应的设计。酒店客房总数为291间：主楼内有133间100m²的套房，斜坡上有84间185m²的家庭套房，海滩上有59幢各占150m²、250m²和310m²的拉古纳别墅和15幢各占250m²、350m²和450m²的海景别墅。此外还有6间点菜餐厅和4间酒吧。酒店占地面积达到15万平方米。

　　① 别墅区（拉古纳别墅——海景别墅）　联排别墅位于相对平坦的海滩区，每家每户的

体量在前后都稍有错开，片墙成为限定空间的主要元素，定义出公开、半私密和私密空间。水域在建筑前面或后面展开，与片墙发生接触，成为一个渗透进入建筑的元素，将这片区域定义出永恒宁静的氛围。

别墅区的材料选择上，建筑师希望兼顾自然融合与高强度这两种特性。建筑师将天然石材贴在混凝土结构外，塑造出砖石墙外观建筑，与当地自然环境和谐。

② 山坡家庭套房　设计理念建立在"条件限制"之上，如陡坡，茂密的松树林，场地微气候以及之前建筑物的痕迹。虽然这样的限制最初被看做是不利条件，但实际上赋予此项目独特的个性。因此，建筑师基于这些现存的条件而做出适应的决断，而不是抵触和克服这些地理和条件上的"限制"。

该区域的工作焦点为"修正"。也就是说，轻微的改变场地，在斜坡上作出梯田式平台安放建筑。利用当地的天然石材和木材，实现建筑与自然环境的和谐。

立体的木质构件不光适应当地气候，也与当地自然风光相得益彰。设计并不力求创造吸引目光的张扬景观，而是力求与自然和谐，尊重场地。最终，建筑隐藏在生长着茂密植物的山体中，与场地成为一体。

③ 主楼和入口　此区域包括前台和入口处，距离海湾最远。从海滩看不到这里。地势平坦，是联系酒店各处的中心。主楼有餐厅、水疗中心、商店和酒店大堂。建筑基本构造元素是既可做遮阳板又可作为栏杆的木质构件。这些围绕主楼的木质构件，像一层薄网，与周围浓密植被发生着全新的关联。

④ 中湾及其周边（餐馆-酒吧）　餐厅与酒吧位于主楼、山体别墅和联排别墅三者的中间地带，一面朝海，周围植被茂密。建筑体量被处理得相当通透，掩映在绿色之间，享受着泳池、树林与海景的自然风光（图6-3-1及彩图6-3-2、图6-3-3～图6-3-7，彩图6-3-8、彩图6-3-9、图6-3-10、彩图6-3-11）。

(a) 用地范围　　　　　　(b) 现有绿化分析　　　　　　(c) 残留建筑分析

图6-3-1　Maxx酒店区位分析图

6.3.2　巴塞罗那La Mola酒店及会议中心

La Mola酒店及会议中心位于西班牙巴塞罗那市自然保护区内。该项目有186个客房与配套服务、会议及交流场所、礼堂、多功能室及有关的健康和保健等服务用房，建筑面积17400m²。

为了避免规模大的复杂功能建筑对周围的环境造成强烈的视觉冲击，建筑被分为4个方形的体量，其高度不超过周围的森林，从而与周围的环境和谐相处。

1.别墅区
2.山坡套房
3.主楼区
4.餐饮区

图6-3-3　Maxx酒店总平面图

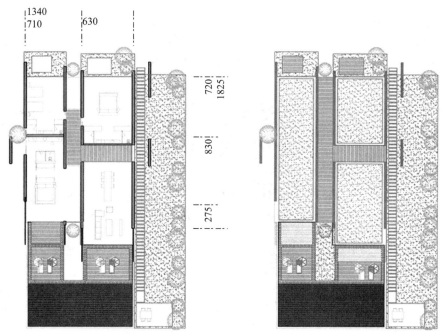

图6-3-4　Maxx酒店别墅区平面图

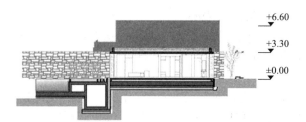

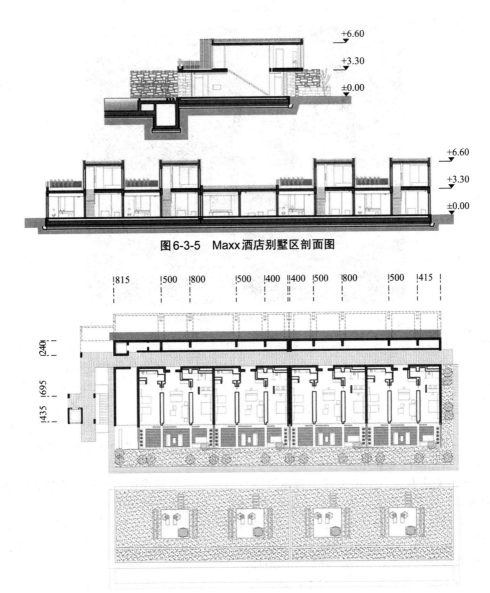

图6-3-5　Maxx酒店别墅区剖面图

图6-3-6　Maxx酒店山坡套房平面图

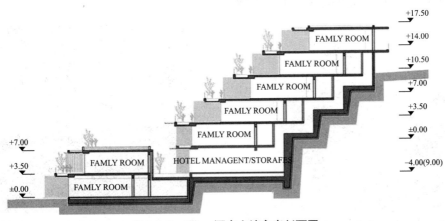

图6-3-7　Maxx酒店山坡套房剖面图

图6-3-10 Maxx酒店主楼局部透视图

其中两个体量容纳客房，客房沿着体量中间的走廊布置。入口处有门厅，地下室有配套服务设施（厨房、水疗等）。南立面的房间和阳台上的彩色穿孔板起到遮阳的作用。建筑的材质和体量力求与周围的森林和人工的高尔夫球场相协调。第三个体量与其它两个很像，但层高较大，用作会议中心。围绕公共空间布置有若干个不同大小的礼堂、多功能房间，在第一层直接与外部沟通，可以在室外开会。在三个建筑体量的中间位置上的第四个建筑内是公共空间，用于建筑综合体交通和一般性功能。由耐腐蚀钢构成的遮阳板也给内部提供保护和私密性，它是立面的主要元素。

La Mola酒店及会议中心采用了尊重周围自然环境的建筑设计。因此，它特别注意各个体量的布置。原有的树木大部分不动，少部分移植，用中水浇灌树木。

建筑大量使用玻璃幕墙可以在冬季最大限度地利用自然光。而在夏季，利用各种太阳能控制系统防止过热。此外，该系统可以利用外部空气冷却而减少人工空调。两座建筑物的屋顶有太阳能板提供热水，有助于减少能源消耗。

建筑的主要材料是混凝土和松木，建筑的风格是平静的，与周围的环境结合成为一个整体。户外铺设了小路，并设置了休息和集会的场所，与建筑的功能相呼应（图6-3-12～图6-3-15及彩图6-3-16、彩图6-3-17、图6-3-18）。

图6-3-12 La Mola酒店及会议中心总平面图

图6-3-13 La Mola酒店及会议中心鸟瞰图

图6-3-14　La Mola酒店及会议中心立面图

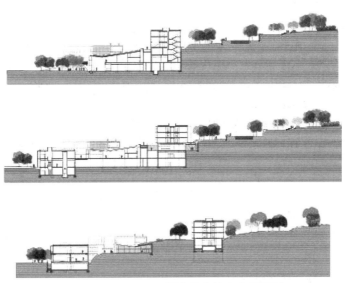
图6-3-15　La Mola酒店及会议中心剖面图

图6-3-18　La Mola酒店及会议中心内部空间

本章思考题

1. 练习运用本教材讲授的方式方法分析风景园林建筑作品。
2. 试述博览建筑、餐饮建筑和旅馆建筑的功能特点及对建筑造型的影响。

参考文献

［1］田大方，杨雪，毛靓.风景园林建筑设计与表达.北京：化学工业出版社，2010.

［2］周立军.建筑设计基础.哈尔滨：哈尔滨工业大学出版社，2003.

［3］沈福煦.建筑历史.上海：同济大学出版社，2005.

［4］沈福煦.建筑设计手法.上海：同济大学出版社，1999.

［5］边颖.建筑外立面设计.北京：机械工业出版社，2008.

［6］梁振学.建筑入口形态与设计.天津：天津大学出版社，2001.

［7］韩林飞，郝鹏，吴浩军译，Pilar Chueca 编.屋顶细部设计分析.北京：机械工业出版社，2005.

［8］丁炜.屋顶建筑造型.北京：中国建筑工业出版社，2007.

［9］张为诚，沐小虎.建筑色彩设计.上海：同济大学出版社，2003.

［10］韩林飞，段鹏程，李雷立译，Pilar Chueca 编.立面细部设计分析.北京：机械工业出版社，2005.